# 重整生活的 24小時時間管理術

又是
庸庸碌碌
的一天？

Swan

# 序

「之後有空的話，希望可以……」

我嘆了口氣，用帶著些許慵懶的口吻說出這句話。話語混合著桌上咖啡冒出的蒸氣，拂過我的臉頰後，無聲無息地消失了。灑落著些許陽光的白色桌子上，只剩下輕飄飄、難以名狀的微溫空氣。

他拿起手邊的咖啡喝了一口，只簡短地問了：「最近很忙嗎？」我含糊其辭地應了幾聲後，邊苦笑邊說道：「結果到頭來，星期六還是得去公司。」把手伸向藍色的馬克杯。

冷靜，卻又隱約透露出疲憊的我，雙眼看起來肯定在嘶吼著：「我比任何人都認真工作耶！」

回到家後，躺在書桌一角的舊記事本看起來格外顯眼。那是一本很有質感的小記事本，我記得大概是2年前自己意氣風發地在代官山一間很時髦的店買的。那本記事本看起來沒有用到很舊，只是稍微積了些灰塵。在此之前我一直沒留意到它的存在，神奇的是，此刻我卻感覺到它好像要訴說什麼似地，提醒我它就在那兒。說起來有些害臊……對了，我那時原本想要用它來記錄自己每天的心情，或是寫下自己想到的東西之類的。

我緩緩將手伸向記事本，像是要觸摸紙張的質感般翻開了內頁。後面的頁數全都是空白，只有前面幾頁雜七雜八地寫了一些字，我不經意瞄到某一頁的邊邊寫著這麼一句話：

「好累，好想去熱海泡溫泉。」

這些文字看起來好像只是隨便寫下的，卻喚醒了鮮明的記憶。剎那在內心吐出：「早知道就不要看了。」地，馬上就對拾起筆記本感到後悔。經過數秒靜默後，我低著頭，嘴裡嘀咕著無意義的話語走出房間。來到客廳一屁股坐進椅子，又翻開了筆記本。自己當年喜愛的紙張質感，現在摸起來也彷彿是陳年舊書了。

我應該是在2年前寫下這句話的。當時手上有一大堆工作，忙到天昏地暗，週末也都在加班，日復一日過著暈頭轉向的生活。要說充實的確是充實，做起來也很有成就感就是了。

但是，我到現在都還沒去成熱海。

應該說更意外的是，我自己甚至早已不記得這個願望了。我既不是要訂超難訂的旅館，也不是要出國，僅僅是「想要去」搭電車幾個小時就能到的熱海，連這個小小的願望都無法達成。而明明只要拿起手機，就能馬上訂好車票和住宿——

「我這2年究竟做了什麼？」

腦海中浮現的這句話，就像鉛塊一樣沉重。寫下那句話當下的忙碌無庸置疑，但後來我的工作也換了數次。我拚了命地想回憶起自己在那之後的生活有多充實，可是就算絞盡腦汁，想到的也只有每天追著自己跑的繁瑣工作、沒多好吃也沒多難吃的便利商店食物、被Netflix推薦的時下熱門電影——但劇情也已經想不起來了。

這漫長的時間，究竟消失到哪裡去了？當這層我不想面對的陰影即將籠罩心頭時，手機發出了嘹亮的聲響。螢幕上滿滿的通知及多到刺眼的各種表情符號彷彿在呼喚我。對了，我還有很多工作的訊息要回。

像是想要把被挖出來的不安硬塞回去般，我打開了電腦。

## 富足、便利又忙碌的我們

有時間的話、有錢的話、工作告一段落的話……。這些有如大量複製出來的老掉牙台詞，我已經聽過幾十、幾百次了吧。雖然毫無記憶，但我自己大概也一樣，不知道講過多少次了。

我們活在一個極為富足、便利的時代。

不出門也能請人把餐點送到家；上網按按滑鼠，想要的東西就會送過來。報紙、書本、電視新聞，甚至一整部電影全都裝進了拿在手上的小小機器裡，隨時隨地想看就能看。即使朋友身在遠方，但要傳送多少訊息都不是問題，而且還可以開視訊通話，感覺就像實際見面一樣。最棒的是，連工作都可以在自己家裡或偏遠的鄉下辦公。

網路這項「偉大」的發明，以快到令人畏懼的速度打破了過去存在於現實生活中的各種藩籬。

那麼人類想必變得更有空了吧。

如果只看前面的敘述，會這樣想是很正常的。各種層面都能以低成本享受到便利的服務，連時間、空間的限制都已不復存在，這樣迎來的當然就是自由自在、悠閒愜意的生活了不是嗎？

但事情的真相是，現代人每天都忙得不可開交。

早上起床的第一件事就是打開手機，確認有沒有朋友或公司傳來的訊息。確認完畢後便開始瀏覽社群媒體，在別人的動態下留言、按讚，或是既期待又怕受傷害地查看自己昨天發的動態有多少人做出回應。由於忙著做這些事，連早餐都沒有時間吃，好不容易在最後一刻擠上電車，然後又開始滑手機、回覆工作上的訊息。到了公司以後便忙著處理工作，結果又因為開會開太久，只能吃便利商店隨便解決。好不容易抓到空檔，趕快回覆朋友或戀人的訊息；休息時間帶著手機進廁所想要放鬆一下，結果又看起了手機通知跳出來的新聞。

時間就這樣到了晚上，下班後和朋友在居酒屋聚餐。食物及酒上桌後第一件事是忙著為佳餚拍照、錄影，開心聊天、吃飯之餘還必須一心多用，趕快修圖然後打卡上傳。回到自己獨居的住處 後打開電視，看看Netflix的節目列表，然後繼續播放昨天睡著時看到一半的影集，又瞄到手機亮了起來跳出通知，心裡還在想著「今天也好忙啊……」的時候已經不知不覺睡著了，就這樣結束一天……。

將現代人的生活用文字描述後，我相信應該不是只有我深深地感到嫌棄吧。任誰又能想像得到，夢寐以求的網路所帶來的新時代，竟是如此忙碌、令人窒息。

## 網路消除了上班和下班的界線

在還沒有網路與智慧型手機的時候，生活中存在明確的界線。只要早上梳妝整齊、看報紙、出門到公司展現自己「對外的一面」就夠了。公私分明被視為美德，而且下班離開公司後幾乎可以擁有完整的隱私。

這樣說來，在那個時代不會被人用通訊軟體叫回公司工作，也不會為了同事一則無心的推文想東想西，或是看到朋友在社群媒體上的光鮮亮麗而忍不住拿自己做比較。在1天或1週的時間單位之中，「上班」和「下班」有明確的界線，沒有太多他人可以介入的餘地，等於提供了一種正面意義的「眼不見為淨」。

這個一切隨時都處於連網狀態的不正常社會，帶給了我們許多的好處，卻也讓我們知道太多無意得知的事。就連私人時間也必須和外界保持著超出必要的聯繫，無論身在何處都無法休息——得到便利性的代價是賠上了自己的時間。

## 居家工作的剖析

像是要追討傷兵似的，二〇二〇年新冠肺炎疫情向社會席捲而來。在我寫下這些文字時，疫情仍未見趨緩，但世界已經產生了天翻地覆的改變。

許多過去對居家工作抱持疑竇、不屑一顧的企業如今也正式推動這項措施，在自家上班已經不再是自由接案者的專利。雖然不同業界間的狀況難以類比，但有些企業甚至出錢補助員工添購居家工作所需的設備。上班與下班最具象徵意義的界線——「空間限制」這個最後的堡壘也宣告失守，最私密的居家空間直接變作辦公室，宣告了新工作、新生活型態的時代已然來臨。

或許有不少人覺得居家工作是「夢寐以求的工作型態」，多少感到雀躍期待；也有的人認為不用通勤能讓自由時間變得更多；有的人則認為公司內部會議結束後可以直接在線上跟客戶開會，省去了四處奔波的麻煩。但長期居家工作下來，我漸漸聽到身邊的人產生疑慮。

「怎麼好像比之前更忙了？」

省去交通移動、減少加班雖然空出了許多時間，但我相信有不少人這才發覺，原來這些時間無法隨心所欲地運用。由於不用外出，因此白天的時光被線上會議堵得水泄不通；而有的同事則因為不用通勤而沒做好時間管理，工作時間反而拉得更長。由於上班和下班的界線消失了，甚至有人連休息時間也感覺自己好像在偷懶而良心不安，明明在自己家裡，身心卻無法放鬆。

而且自己家裡其實誘惑更多。遊戲主機和書架上的漫畫都在視線範圍內，只要拿起手機，社群媒體及影音串流服務更是可以愛怎麼看就怎麼看，讓人不心動也難。甚至連平時視而不見的家事或雜務也會帶走自己的注意力。

享受愈多自由，就要背負愈多責任。

雖然已經不記得是在哪裡看到的，但這句話至今仍深深烙印在我腦海裡。人類如此自由、擁有如此多選擇不過是最近幾十年的事，絕大多數的現代人都還沒適應過來，於是在毫無防備的狀態下慌張地拋售了自己的時間。

可是就算科技再怎麼發達，你的1天還是只有24小時。

既然如此，我們是不是應該在被現代生活中各種精心設計的誘惑吸引，浪費掉寶貴時間之前，重新檢討自己運用時間的方式，學習如何正確使用時間呢？因為完全的放任自由、毫無隔閡地將一切混雜在一起的全新生活型態，其實反而並不會帶給我們無限的富足。

## 找回自己的時間就從現在開始

本書是為了無法控制好上班和下班的界線、被網路化帶來的忙碌現代生活所吞噬的人而寫，希望能幫助讀者揪出潛伏於日常作息中的時間小偷，並善加運用有限的時間享受人生。

在這個看似便利、一切不虞匱乏的時代，想要留住自己的時間並妥善運用，需要相當程度的自覺用心擬定的策略。

網路時代特有的「欠缺自我肯定感」現象與廣告行銷如火如荼的「消費者自由時間爭奪戰」緊密結合，處心積慮想讓你乖乖交出自己寶貴的時間。再加上工作極度的多元化、複雜化，以及各大企業放寬員工經營副業的限制，使得更多人進入了多工的忙碌模式。

曾在大型ＩＴ企業開發、運用各種網路服務的我親身感受到了這種忙碌生活的破壞力，也經歷過「雖然理智上知道不行，整個人卻還是被吞噬進去」的恐怖。曾經忙得披星戴月的我突然停下腳步，花了好幾年時間面對自己的煩惱及課題，並研究該如何運用時間才能創造自己認可的人生，重組各種書籍、論文提到的方法，不斷進行實驗。

當我將內容放上網路後，引發了熱烈迴響。我收到許多訊息，有的人感同身受，表示自己以前也曾經這樣；有的人則說自己自由的時間增加了，生活變得更充實，表達感謝之意。這次我得到出書的機會，希望能透過書籍的形式將關鍵的知識傳達給更多人知道。

願每天忙得暈頭轉向的你，能重新讓生活變得充實又有意義。

目次

## 第1章 停止貶低自己的價值

認知篇

# 第2章 揪出時間小偷

## 破壞篇

# 第3章 妥善規劃1週行程，活出自己的人生

## 重建篇

第 1 章

# 停止貶低自己的價值

## 認知篇

「對不起，讓你把時間花在我身上。」

直到前幾年，我都還是隨時對別人充滿歉意，開口閉口就是「對不起」，這句話簡直成了我跟人打招呼的固定台詞。雖然已經來東京很久了，卻始終跟這個五光十色的大都會格格不入。

身邊每個人看起來都很厲害、永遠不敢走進時髦的咖啡店、鼓起勇氣買的流行服飾穿起來一點也不好看。無論做什麼、身在何處都覺得沒有歸屬感，鬱悶地讀完了大學。

但當我出社會開始工作後，心情變得輕鬆了許多。因為當我充滿活力地回答「好」時，會讓很多人開心。

我總是睡眠不足，坐在辦公桌前喝咖啡加班到深夜已是家常便飯。絕不會因為發燒小病跟公司請假，特休也沒休完，偶爾還會笑瞇瞇地幫人湊數去喝酒聚餐。放假時不會錯過手機上的任何資訊，有人傳訊息來的話一定是秒回。我就這樣一直一直過著忙碌的每一天。

我總是不把自己的時間當一回事。

## 不知不覺間工作中毒

我過去主要是在ＩＴ業界從事設計及服務開發。聽到ＩＴ這個詞，通常會有「工作方式很前衛」、「彈性上下班」、「可以經營副業」、「容易請特休」等靈活不僵化的正面印象。但實際上，我工作過的企業有各式各樣不同的文化。

畢業後第一份工作是有固定上下班時間的一般型態，最近的一份工作是在相當於Mercari子公司的Merpay上班，這是我第一次體驗到彈性上下班制度。除了被稱為核心時段的中午12點到下午4點這4小時外，員工可以隨意照喜歡的時間進公司自行調整上下班時間，實在是靈活又進步的工作型態。

由於在疫情之前就已經實施過居家上班，因此我也有在大型團隊遠距工作的經驗。而且公司的企業文化是歡迎員工經營副業，所以除了本業以外，我曾和許多新創企業及一般企業合作。

我現在自行創業後常思考個人事業發展，或是和過去有交情的企業一同改進服務的運用、進行組織發展等。還會在網路上發表文章、在Youtube上傳影片，幫自己做行銷。由於特休的概念不復存，夏天時我會去爬山；冬天則喜歡去露營，在營火旁看書。現在家裡就是我的辦公室，平日有時還會晃去附近的咖啡廳。

要工作還是要休息，都取決在我。

現在雖然能這般用適合自己的方式在上班和下班間取得平衡，但我以前其實是典型的工作狂。由於工作性質是只要有電腦，無論在哪裡都能開工，因此會無止盡地追求成果，漸漸廢寢忘食，畢業後第一份工作每天都忙得不可開交。

當時，只要有人有求於我幾乎都不會拒絕，還把這當成一種美德。畢竟只要不斷放低自己的姿態，就不用擔心從高處跌落而感到安心；而且滿足他人的期待還能輕鬆享受到被需要的感覺。幾乎有求必應的性格，使得我的工作愈積愈多。設法發揮效率將工作處理完則帶給了我快感，讓我不知不覺間變得只會一味追求數量。由於可以很容易看到工作的成果，我覺得自己那時就像中毒了一樣。

幸運的是，工作做起來很開心，同事也都很好。工作到接近深夜對我來

說是家常便飯，連週末也還是照樣進公司，有時反而是主管或公司希望我休息。但一頭熱的我根本聽不進去。

「希望能拿出更多成績受到肯定。」

我如同迷失在沙漠裡的動物般不斷、不斷渴求著忙碌。只要處在忙碌狀態，我就連感到不安的時間都沒有，也會得到外界的肯定。我便像這樣一廂情願地以為我是出於自己的意願，照自己想要的方式運用時間的。

但隨著年齡增長，有一天我驚覺，自己想不起來那段時間的自己做了什麼、心裡在想什麼，每件事情的記憶都模糊不清。或許我以為自己樂在工作，但其實工作在不知不覺間已經嚴重磨耗了我的身心。

大概在3年前，我的身心終於承受不住這樣的生活了。

有時我會不安到心臟好像被人捏住了一樣，或是突然淚流不止。最終還到了雖然沒有被診斷出憂鬱症，但要定期去身心科就醫，服用低劑量抗焦慮藥物的地步。

看來，我似乎被這種生活壓垮了。

從醫院回家後，我整個人崩潰地鑽進棉被裡之後，終於慢慢想通了。幸好我的身體在完全崩潰前發出了警告，自己才得以從工作中毒的咒語中解脫。現在回想起來，當初的自己實在愚蠢至極，竟然花了4年的時間才察覺身體的警訊。

# 無用武之地的時間管理術

身體垮掉後，我開始徹底檢討自己是如何運用時間的。

這幾年去書店時，我常被書本中打動人心的強大口號吸引目光。雖然呈現方式各有不同，不過這些口號都是看了會心頭一震、感覺自己的內心彷彿被看穿般具有吸引力的語句，讓我無法移開視線。

**要以自己為優先**

**不喜歡的事就拒絕**

**不要被他人牽著鼻子走**

這些語句我愈看愈覺得深有同感，或應該說，使我納悶自己過去為何都沒有多想過，就乖乖配合社會上令人窒息的束縛、別人的各種目中無人之舉呢？是啊，想要打破舊有陳規及陋習的誘人故事其實比比皆是，於是我一股腦地讀遍了各種商管書籍、分享關鍵知識的書。光是這樣我還不滿足，連網路上的文章也貪得無厭，一個人埋頭苦讀。

這次我一定要搞清楚自己為什麼會那麼忙。

但是，抱著這樣的想法翻開書本，看完後有辦法照著書上教的方法做的人究竟有多少呢？絕大多數的人都知道該怎麼做，知道怎樣的方法才是進步、有效率的，但當工作交到自己手上時又會因為「我還是做不到」、「在這間公司是行不通的」等想法而卻步，對眼前的現實產生厭惡、逃避的念頭。

於是就像吸毒般，繼續渴求追尋更適合自己的方法、其他不一樣的做法，如同在一條沒有終點的道路上漫無目的徘徊。

難道書上、網路說的是騙人的？想實際運用這些方法卻用不出來，因此心生懷疑是很正常的。或許這些方法未必全部正確，但不能否認，的確有人可以運用自如。

假設書上、網路上說的都是對的，

那為什麼實際執行起來會有困難？而且重點是，自己在看的時候明明深有同感，為什麼到了要實際行動時竟然會卻步？

## 賤賣時間的「自己」

「自我肯定感」在最近幾年成為了熱門的名詞，許多人應該都在電視、報章雜誌、網路上看過這個詞。

社會大眾過去大多有「有自信的人比較積極」、「內向的人容易隨波逐流」之類的印象或認知，但這種觀念是怎麼形成的，又產生了何種具體影響，其實並沒有普遍的共識。近年來出現的自我肯定感這個詞為上述現象提供了有系統的解釋，並成為受到廣泛認知的概念。至於字典則是這樣解釋自我肯定感的：

**所謂的自我肯定感是指「正面看待自身狀態的情感、肯定自身價值及存在意義的情感」。一般認為是與自我否定的情感相對立的情感。（引用自：實用日本語表現辭典網站）**

這樣可能不太好懂，如果講得簡單粗暴一點，就是「雖然無憑無據，但覺得自己還不錯」的感受。其中的重點就在於「無憑無據」這個部分。就算沒有實際的成就或了不起的頭銜可背書，口袋裡也沒有幾毛錢，但仍舊認為「其實我還不錯，值得好好對待」的感覺正是自我肯定感，是支撐起一個人的無形力量。

看了以上敘述，你是怎麼想的呢？你認為自己有多少價值，有辦法無憑無據地認為自己很重要、為自己感到驕傲嗎？

當我知道這件事時，唯一做得出的反應是不爭氣地發出「欸～」的聲音。

我真心覺得，只有極少數擁有強大心理素質的人，才有辦法在每天都對自己的無能為力感到失望的狀態下稱讚自己，覺得「我很棒」。

如果你覺得某個東西沒有價值的話，為何還要小心翼翼地對待呢？

百圓商店買的杯子你大概只會隨意對待，不要了直接丟掉也不心疼。但100

萬圓買來的花瓶應該就會每天擦拭，甚至裝進漂亮的盒子裡以免生灰塵吧。人會以強烈的主觀衡量事物的價值，並用與價值相符的方式對待該事物。如果覺得自己是個廉價、一文不值的人，那恐怕永遠也無法「善待自己」、「捍衛自己的時間」。

我發現自己過去在缺乏自我肯定感的狀態下，為了消除不安，會全神貫注地投入眼前的工作；追求社群媒體上的虛榮以填補內心的空虛；收集了各種知識卻不懂得如何運用，不斷將自己的時間拋售出去。

雖然日本文化將謙虛視為美德，但近年來的統計發現，與歐美各國相比，日本人的自我肯定感是偏低的。或許自我肯定感在日本已經超越了「場面話文化」，快要先變成瀕臨絕種的動物了。

這樣下去的話，你的時間會被你自己不斷用低價賤賣出去。用低於行情的價格賣掉的時間則會落入各式各樣的人或生意手中所掌控，若無其事地被揮霍掉。

在這個如此自由而富足的時代，如果時間就這樣被單方面地洗劫，實在太可惜了。

因此，接下來要先介紹「自我備忘錄」這項習慣，幫助你做好守護個人時間的準備工作。透過這項習慣消除日常生活中的不安感及深藏於心的自卑感，能讓你藉由自我理解與內省學會提升「自我肯定感」的技術。我希望在探討執行上的細節之前，你自己要先轉換為「想要，也必須珍惜自己的時間！」的心態。

這樣做可能感覺像在繞遠路，但根據我找遍了各種商管書籍來看，卻無法將書中的知識實際運用出來的經驗，我體會到，先重新審視運用書中知識的基礎——「自己」是很重要的。

那就來看看，捍衛自己的時間需要做什麼準備工作吧。

## 製作自我備忘錄

首先準備一本記事本，這本記事本便是「自我備忘錄」。一開始要用這本自我備忘錄記錄各式各樣的事物，建立「書寫」的習慣。書寫是每個人都很熟悉，而且做得到的事，非常適合用來練習內省與培養客觀的觀點。

準備自我備忘錄時，希望你能做到3件事。

首先是絕對不要給任何人看這本記事本裡寫了什麼。人在有祕密的時候，總是會想讓別人知道。但我希望這本記事本是只屬於你的記事本，而且能確保這本記事本擁有「任何人都無法侵犯」的最高安全性。就像無論個性再怎麼開放的人，在家裡和在公

司穿的衣服也不會一樣；人在會被別人看到和不會被別人看到的情況下，想法的深度和寫出來的文字也完全不同。因此，即使面對心愛的家人、男女朋友或知心好友，也一樣要把這本記事本當成最高機密。

第二件事情是請準備實體的記事本。我相信有些人平時可能都是用電腦記錄備忘事項，但在這件事情上請妥協一下，採用傳統方式。電腦或雲端備忘錄固然便利，但除了記錄備忘事項還能做許多其他的事，會令人分心。而且就記錄的意義而言，電腦的備忘錄可以輕易修改的這項特性其實不是很好。最重要的是，大腦進行打字和書寫時的處理方式是完全不一樣的。習慣打字的人可能會覺得「手寫」太慢了，但其實曾經有研究指出，將心情寫在紙上能夠抑制名為皮質醇的壓力荷爾蒙分泌。

第三件事情則是請準備大一點的記事本。大小至少Ａ４以上，要能夠讓你自由自在、無拘無束地寫東西，所以最好大一點。將心裡的事情全部寫出來其實是很需要空間的，而且愈能一目瞭然地閱讀，進行回顧時的效果愈好。我習慣用Maruman的速寫本，無論用鉛筆或原子筆寫都很順手，有時想畫圖的話空間也很夠，因此深得我心。各位不妨考慮看看。

你找到理想的記事本了嗎？

準備好之後，就可以在自我備忘錄上和自己進行對話了。我建議在自己的房間等能夠靜下心來的地方做這件事。不過，很多人一開始大概會不知道該寫什麼才好。如果本來就不擅長寫作文的話，應該也不太可能有辦法洋洋灑灑輕易寫出自己內心的想法吧。我相信大多數人恐怕都只能對著記事本發呆。

因此，接下來我會穿插具體的範例，介紹一些能幫助你透過自我備忘錄進行內省與解放，提升自我肯定感的書寫主題。我提供的主題範圍很廣，有的門檻並不高，有的則可能乍看之下會讓人心生抗拒。

當然，這些主題不用一口氣寫完，只要挑自己喜歡的主題每天寫一點，依自己的順序輕鬆地進行就好。

那就準備進入自己的內心世界展開探險囉。

## 大腦斷捨離

你聽過「大腦斷捨離」這個詞嗎？

這是一種將心中湧現的強烈意念一五一十、原原本本地寫在紙上的心理治療方法。這裡要請你做的事情是，早上起床後就馬上先去翻開你準備好的記事本，然後拿起筆仔細寫下整個人尚未完全清醒時，腦海中浮現的東西。

**起床了。好想睡、冷冷的。現在幾點啊？**
**天空好藍，今天應該不用穿外套吧？實在不喜歡冬天太冷啊～**
**啊，該去拿送洗的衣服了，還是明天再去？**
**希望下午開會順利啊，緊張緊張～**
**腳好癢，腰也好痛，看來該去找人推拿一下了。**
**頭髮也該剪了……那就一起約一約吧。**

寫得像這樣鬆散、缺乏結構也無妨，將「當下的感受」、「今天要做的事」、

「突然想到的事」、「正好看到的東西」、「現在擔心的事」、「今天期待的事」等，起床後率先浮現在腦海中的念頭寫下來就好。記事本的空白內頁要怎麼用都可以，試著拿起筆，專心將腦中所有稍縱即逝的話語、意念化作文字寫在記事本上就對了，感覺就像在實況轉播自己的思緒。如果覺得該寫的已經全都寫出來，沒有東西可寫了，便可以停筆。萬一停不下來的話，就設定一個時限或寫到心滿意足為止。

將腦海中浮現的東西全部寫下來，能夠清楚看出自己最近關注的事。

人每天都以驚人的速度思考各式各樣的事，想到之後過一段時間便會忘記，然後又依稀想起，無止盡地重複這樣的處理過程。這就像是在一座巨大的倉庫工作，人腦每天高速運轉，於廣闊的空間中四處搜尋，執行存入、取出各種資訊的作業。有時也可能會搞錯要存入的東西，或是沒辦法全部整理好，只能隨便亂塞。

前面提到的書寫行為則類似於在腦中進行盤點。藉由將倉庫裡的東西一樣樣慢慢搬出來，才能真正感受到「自己現在的感覺是什麼、心裡有什麼事」。完全只在頭腦裡察覺、掌握這些訊息其實很困難。因此，我才建議將腦海裡的話語全部寫出來，變成肉眼看得見的文字，從更全面的角度來審視，藉此正確觀察「自己現在的狀態」。做任何事都一樣，開始的時候不要著急，先

「掌握現狀」是最重要的。

那麼，今天的你在想什麼呢？

## 盡情抒發內心感受

開心、難過、煩躁。

任誰每天都有各種內心戲。雖然只是起床、吃飯、工作、睡覺，世界上卻有各式各樣的事件及故事源源不絕地發生。隨手點開推特，就能看見友人報告自己的近況，從開心到難過，形形色色的情緒在一天之中輪番湧入。

接下來，請在自我備忘錄上寫下最近有什麼事情曾令你心情激動。

要寫得多粗魯、多直接都沒關係。這不是在寫日記，要寫幾頁都可以，寫得不成章法、不優美也無所謂。要用平時不敢對別人用的詞、不敢說的話當然也不成問題。發生好事就表達「超棒」、「爽啦」之類正面的情緒，反之直白地發洩「爛死了」、「有夠討厭」、「吵死了」、「不要管我啦」就好，不必隱藏內心的情緒。

不需要顧慮任何人。

這是只有你在、專屬於你的空間。絕對不會有人責怪你或把這當作笑話。想要維持形象還是盡情嘶吼全都操之在你。試著將平時壓抑在心中的所有情緒都宣洩出來吧。一開始消極負面的東西居多也無妨。就當作是把傷口的膿擠出來，不用在意，放手去寫就好。

變成大人以後，大家都只學會忍耐，忘了如何發洩。

就算想找人聽自己說話，對象也不是隨時隨地都有。即便分享的是積極正面的事，也有可能被對方誤解自己在炫耀。若是聊負面的事，那就更得慎選對象及時機。言談之中招致誤解、談話內容意外洩漏的威脅或難以避免。

但如果情緒或欲吐之言一直憋著，人就會覺得「這件事要記起來才行」、「這個不能忘記」，讓這些東西進入保存模式。就算是深惡痛絕、想要忘記的事也一樣。而且「為什麼我會覺得這麼煩呢？」、「對了，之前也遇過像這樣討厭的事……」之類的相關回憶也會接二連三地一起被挖出來，過了一陣子後又忘記、然後被挖出來，不斷重複這種沒有建設性的循環。

但如果將心裡的話語寫成文字，大腦就能用清楚的言語及脈絡處理記憶，並認知到「這些東西已經寫下來了，不用記起來。」而不再花力氣去保存，因而建立良性循環。雖然人有時的確需要沉浸在暴怒或消沉的情緒中，但也不用把在內心深處留下傷口的元凶當作寶貝一直留著。

寫出來後就讓一切結束，這裡會是你既方便又安全的垃圾桶。

## 當自己的「閱卷老師」

「原來我這麼生氣啊。」

將各種事情寫進自我備忘錄的當下，心裡有時會出現神奇的感覺。動筆的瞬間心情雖然激動不已，寫完之後卻覺得好像在看素不相干之人寫出來的東西一樣而置身事外，反而變得客觀起來。

將腦袋裡的東西寫出來這項行為，非常有助於用客觀角度審視自己。稍微過一段時間再回頭來看效果更好。一鼓作氣寫出心裡的話之後就先暫時離開，像是去洗個澡讓心情冷靜一下，或是泡杯咖啡、紅茶，製造一段空檔。如果內心還是激動難以平復，也可以等到隔天、後天，以讓心情沉澱完全。

然後，再仔細地重新檢視一次自己的備忘錄。

發洩完畢後讓自己冷靜下來，便能用客觀角度看待自己的想法及話語。如此檢視自我備忘錄後，是否對自己

工作出包，
好難過啊…
是怎樣的感覺呢？
發生了什麼事？
讚喔！
不過我決定
明天開始嘗試XX，
一點一點嘗試！

過去寫下的話有了不一樣的想法？

看完之後，請用紅筆在記事本上寫下回覆。不用紅筆也沒關係，但我建議盡量選擇和原本明顯不同、鮮豔的顏色。冷靜之後所看到的東西、心情激動之下沒有寫到的事情、腦中浮現的新想法等，再用紅筆一五一十地重寫一次。

「被挖苦是很討厭沒錯，但我自己其實也遲到了。」

神奇的是，自己內心原本一直躲起來的理性一面，但會在寫下回覆的過程中現身，以不可思議地冷靜、心平氣和的態度面對自己剛才寫下的文字，甚至產生「我似乎也有錯」、「這樣做的話，下次應該能做得更好」等積極正面的想法。

但需補充，這絕不是在灌輸「凡事都要自責自省」這種迂腐的熱血觀念。其實冷靜後更加堅信自己正確的立場，覺得「怎麼想都感覺不對勁」、「不想管了」也無妨。無論最後呈現出來的面貌為何，「自己思考、認真地接受」的過程與目的非常重要。

先冷靜下來，然後用自己的話做出「結論」。

逐漸讓自己接受這個結論所達到的自我淨化作用，或許正是內心的閱卷老師所帶來的。不小心暴怒，或是想狠狠哭一場時……無論什麼時候，都可以尋求內心的閱卷老師幫助。

相信這位閱卷老師一定能比身邊任何人給出更好的回覆。

## 分清楚事實和想像

人具有驚人的豐富想像力。

據說人類是唯一一種能夠認知過去及未來，並做出想像的生物。

人類便是透過目前所掌握的資訊與以往經驗進行各種預測及想像，因而躲過危機、研究技術，發展出我們現有的文明。想像力可說是我們最大的武器，也是讓人類在生存競爭中站上頂點的一大因素。但另一方面，想像力的運用只要稍有不當，就會成為反噬自己的雙面刃。

「被老闆罵了，以後大概都不會有機會了。」
「忘了辦重要的手續，一切都完了。」
「戀人在LINE上面的語氣好冷淡，一定是討厭我了。」

心裡是不是也曾出現過這種討厭的感覺？

不過，仔細想想就可以赫然發現，「被老闆罵」雖然是不爭的事實，但不但沒有任何證據顯示，也沒有任何人說過「從此以後都沒機會了」；「忘了辦重要的手續」雖然也是既定的事實，但是既不會有死神來索命，也不會因為這樣就被做成消波塊。如何解讀LINE上面的文字是因人而異的，既然對方沒有直接表明討厭自己，也有可能只是剛好身體不舒服，所以沒有力氣認真回覆訊息。

人很容易將「想像」與「事實」混淆在一起。尤其通常自我肯定感愈薄弱，就愈容易往「最糟的狀況」而非往樂觀方向猜想。

且網路上更是會源源不絕出現和自己相似的意見或遭遇，感覺就像是在擴大恐慌一樣。在現在這個時代，上網隨便查一件事情，就算遇到「正反意見的搜尋結果筆數相同」也不足為奇，因而使得我們不知不覺地只去看迎合自己想法的意見。但和素不相識的陌生人想法一致就真能獲得幸福嗎？這個問題的答案應該不難想見。

這時候就得請出祕密武器了。

首先請準備紅色和藍色的筆。仔細看過自己的備忘錄後，在「不爭的事實」

旁畫上藍線，缺乏證據的「自己的想像」旁畫上紅線。假設在備忘錄中寫了「出去開會時有東西忘了帶，被老闆罵了」這麼一句話。前半段的「出去開會時有東西忘了帶」是明確的事實，這一點沒有解釋的餘地，不管誰來看應該都一樣。那麼，「被罵了」是事實嗎？老闆對自己「說了些什麼」是事實沒錯，但「罵」是主觀的感覺，或許不過是想像或詮釋。

雖然一開始可能覺得不過只是歪

理，但請對自己寫下的東西抱持疑問「這真的是事實嗎？」，仔細地重新再讀一遍，同時用紅筆與藍筆畫線，區分出哪些是「事實」，哪些是「想像」。畫完線以後把記事本拿遠一點，再慢慢瀏覽一次頁面。

畫紅線的比例大概是多少呢？

在備忘錄中所寫下，那些令人苦惱不已，覺得「難過、害怕得要死」的事情全都畫上了紅線後，還會感到害怕嗎？是不是真正麻煩的部分其實只有一點點，是自己擴大了心裡毫無來由的恐懼呢？

建議先將不明所以的恐懼中的真實與憑空創造用肉眼可見的方式嘗試釐清。我相信單是做到這一點，方才毫無來由的恐懼便不再恐怖，心裡就會感覺到心情平靜了許多。

我在遇到束手無策的重大打擊時，會先一心一意盡情將各種情緒性的想法發洩出來一吐為快，等到冷靜下來後再用2種顏色的筆畫線。這時常常會發現，連原本絕望地認為「難過」、「丟臉」、「無法挽回」的事，竟然都不在「事實」的範圍內，折磨自己的恐懼其實大多都只是自己的想像捏造出來的。這時我就會覺得「沒關係，還有辦法」而冷靜下來，藉此平復心情之後再思考要怎麼做。

「想像」有時會化作巨大的怪物，對我們伸出魔掌。但從今天開始，我們的手中多出了紅色和藍色兩把銳利的劍。不要害怕心中的怪物，試著揮舞手上的劍使出致命一擊吧。

從今天起，你一定能成為勇者的。

## 寫出束縛住你的規則

我們用來限制住自己的規則其實超乎想像的多。

必須做這件事，那件事不能做……這些規則有的來自於社會規範，有的則是別人下的咒語。麻煩的是，我們對於絕大多數的規則都沒有自覺，不知不覺間畫地自限。建議各位試著在自我備忘錄上寫下覺得自己不可以做的事。

**不可以耍任性。**

**工作不可以請假。**

## 自己能做到的事就要自己完成。不能不遵守規定。

通常愈是認真、嚴謹的人，這種沒有自覺的內在規則就愈多。有時可能還會有數種規則交互束縛住自己，更加令人感到窒息。這些都是平時不會說出口，也不太會意識到的東西，但卻實實在在地深植於我們心中。而且在無意識之中對我們的日常行為、判斷產生強烈影響。

任何事情都是限制愈多，做起來就愈難。

以「跑步」為例，「不去想太多，跑就對了」和「秒速固定在3公尺、步幅固定在50公分以內，維持在距離道路右側邊緣30公分的地方跑」起跑的意願程度是完全不一樣的。適度的限制搭配訓練的負荷能夠發揮良好的效果，但層層限制疊加起來只會使人覺得「我做不到」，遇到阻礙時馬上認定「已經別無他法」而感到絕望。

我建議將內在的規則化作文字後，重新再問自己一次：「真的不行嗎？」如果沒有照做的話，會發生什麼事？預想到的最糟糕的狀況會是怎樣？反過來說，沒有了這項規則的話，是不是就能挑戰新的事物，或是發現其他方法？

寫下這些想像及回覆時，建議和前面一樣，請出內心的閱卷老師來幫忙。

全部寫出來後，可以留下覺得有必要的規則。但如果沒有明確的理由，或者只是因為別人說了就無條件照做的話，請用紅筆在這些礙事的內在規則上打個大大的叉。當感覺自己缺乏行動力的時候，請靜下心來好好問自己：「我是不是訂了什麼莫名其妙的規則？」

如果有的話，無論如何都要設法拿掉那項規則。

## 誇獎自己

好棒、好厲害喔。

在我年紀尚幼的時候，父母不吝於為各式各樣的事誇獎我，我也不知為何便得意起來，晚上睡得特別好。

受誇獎似乎是非常理所當然，也是每名成年人都強烈渴望的一件事。我們在公司會被指正、被罵，被誇獎的次數卻少到不行。

日本人將拘謹克制視為美德，謙虛彷彿是天生內建的特質。即使身邊的人難得說出「你好厲害喔」等令人開心的話，也往往只是謙虛地表示「沒有啦」，再小心翼翼地將別人給予的讚美奉還回去。

但同樣的話如果講多了，有可能讓人信以為真。人受到自身認知束縛的程度其實超乎想像，也因此才會有「自我暗示」這個詞。對別人說的「沒有啦」、「太看得起我了」、「沒什麼了不起的啦」之類的話日積月累下來會逐漸影響意識，有可能使得頭腦在不知不覺間把「或許我真的沒有多了不起」當成事實。

「要增加自己被誇獎的機會。」

雖然我很想這樣說，但門檻卻非常非常高。畢竟誇獎是出自他人的行為，數量多寡不是自己能控制的。而且愈是希望得到他人的認同，就會變得愈是順從他人——反而與自信完全相反，走進既不穩定又黑暗的世界，完全是本末倒置。

我建議逆向操作。首先對著鏡子，仔細地盯著自己的臉看。可能會覺得有些不好意思，但請盡量忍住，然後一面叫自己的名字，一面這麼說：

**「你今天也很棒喔。」**

**「表現得很好喔。」**

啊，我剛才真是有夠蠢的（笑）。我很清楚，對著鏡子誇獎自己這種事千萬不能給別人看到。我自己一開始也覺得很羞恥，懷疑做這麼蠢的事究竟有何意義。但就算抱著上當的心態也好，可以試著誇獎自己一兩句，然後觀察自己內心的變化。

你有多抗拒誇獎自己？

我想應該有不少人會覺得「好噁心」、「好奇怪」，心裡很不自在。如果面對自己時，無法大方地說出：「我還不錯嘛！」時，可能自我肯定感是不足的。

知道了自己的自我肯定感有多高後，接下來請在自我備忘錄上寫下覺得「自己今天做得不錯的事」。要在晚上回顧一整天發生的事，或等到隔天早上頭腦清醒的時候再寫都無妨。可能會覺得「做得不錯的事」範圍太大了，認為自己每天做的事都很平凡而想舉白旗投降，但其實就算是小事也無妨。

**早上順利爬起來了。**
**吃了頓睽違已久的早餐。**
**天氣很晴朗。**
**中午有多吃點蔬菜。**
**平常捷運都很擠，今天稍微空一點。**
**路上遇到可愛的貓咪。**
**今天的簡報做得比平常好。**

**下班後的啤酒特別好喝。**
**跟好朋友約好要去喝咖啡了。**
**今天也沒有出大包。**

如此將日常生活中覺得「還不錯」的事、「過去沒有的經驗」都寫在自我備忘錄中就好。如果絞盡腦汁但仍寫不出來也無妨。就算只是風平浪靜地過了一天，其實也等於是賺到了。搞不好鄰居家裡被人闖進去搶劫，或者走在路上會被鳥屎滴到……。「今天什麼事都沒有」也非常好，這代表平安順遂地度過了一天。

是否認為這些話很像歪理？

但我深切地覺得，幸福的定義在現代已經有些通貨膨脹了。無論何時何地，社群媒體上都充斥著某個人的「美滿生活」、「充實的經歷」。由於看到的全都是光鮮亮麗、美好的一面，因此或許會懷疑是不是只有自己過得如此平淡、不值一提，最終甚至感到厭惡。網路上的東西看得愈多，愈會拿自己和身邊的人，甚至是名人的生活做比較，於是產生惡性循環，變得難以從微小的事物感受到幸福。

但是大家真的都過得那麼光鮮亮麗嗎？

這樣說或許不太好，但應該多少也有為了拍一張照或短短數秒的影片而將家裡礙事的物品搬開，或畫面上的食物很美，但沒入鏡的自己其實根本連妝都沒化之類的小祕密吧？但請放心。

晴天正是被陰天所襯托出來。

大家其實都是差不多的。將半年才發生一次的美好回憶捧在手上小心翼翼地珍惜固然很好，但在平凡的日常生活中發現「讚喔！」的瞬間豈不是更健康，也更開心嗎？

因此請多多用力地誇獎自己的日常生活。

## 與自卑感直球對決

重頭戲來了。相信有不少人光是看到「自卑感」這幾個字，就已經覺得渾身上下不對勁了。

但其實每個人都有自卑的部分。

或許是覺得自己個子不夠高、眼睛不夠大等外貌方面的自卑感，或是對內向、愛面子的性格等內在方面感到苦惱不已。也或者是在意自己的出身環境、家世、現在的職業等等不夠傑出。自卑感是不是像根深蒂固、頑強棘手的腫瘤一樣緊緊糾纏，詛咒著，每天都覺得「唉，好討厭啊」、「為什麼我會這樣啊」呢？

那就乾脆在記事本上寫出100個自己討厭的地方吧。

大概限時15分鐘左右就可以了。請

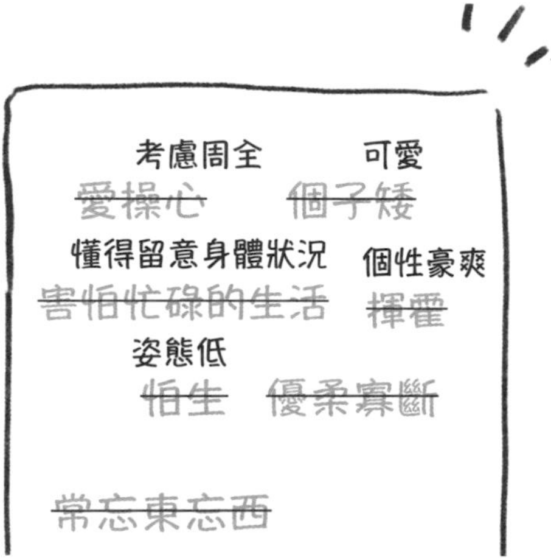

準備好一支能寫個痛快的筆，翻開自我備忘錄的記事本。寫下無論是以前在流言蜚語裡被別人講過的，或是自己一直藏在心裡的事情，只要是在意或感到自卑的，全都發洩出來。

**個子很矮。**

**個性內向被動。**

**很容易擔心這、擔心那，腦袋一下就變得一片空白。**

寫得出來嗎？我想各位平時應該沒什麼像這樣把自己的「缺點」寫出來給自己看的經驗。有些人可能光是看這些文字就覺得厭煩、心情沉重。

「雖然心知肚明，但是不想承認。」

相信各位都是這樣的心情，自己也很清楚，自己其實很討厭自身的缺點。

但請放心，接下來才是重點。請拿起紅筆，再次扮演閱卷老師，把寫下的這些缺點一一劃掉。用力地畫一條線，劃掉那些避之唯恐不及、厭惡不已的缺點，打叉也可以。

劃完之後，在旁邊的空白處寫上「從相反角度出發的正面解釋」。例如，雖然「個子矮」是無法改變的身體特徵，但可以想成這代表嬌小可愛、動作靈活；個性內向被動也可以解釋為深思熟慮、懂得謹慎行事。試著用換一種角度的方式詮釋，不斷以「優點」取代覺得自卑的地方。

任何事物都像硬幣一樣，是一體兩面的。對自己有自信的話，與他人不同之處便可以成為個人魅力；但如果因為與別人不同而貶低自己，就會產生自卑感。自卑感就像是貼在自己身上的標籤，是可以撕下來、貼上去的。沒有必要將貶抑自己的標籤一直貼在身上。

觀點不同，想法也會不同。

不需要刻意隱藏，也不用忘掉對自己不滿意的地方。勇敢正視，然後重新改寫就好。用這種方式面對自己也挺不錯的，不是嗎？

## 何苦為難自己

其實直到前幾年，我都常為事提心吊膽，連一丁點自我肯定感都沒有。

**「這件事交給我這種人做真的好嗎？」**

**「我剛才說的話或許害對方不高興了。」**

每當我想做些什麼，或是有煩惱時，心裡面馬上就會有另一個自己跳出來嚴厲斥責自己。而不斷在內心自我否定，便會變得無論在工作上或私底下做任何事情都需要極大的勇氣，即使用上所剩無幾的勇氣全力以赴，只要遭遇些許挫折就會馬上舉白旗投降「不行了」、「早知道就不要做了」，內心充滿著不安。而且彷彿想將不安驅趕走一般，還會在內心複誦咒語。

「既然我那麼差勁，那就只能用更多時間和誠意來彌補了。」

最為難自己的，終究是我們自己。即使是看起來自戀又愛面子的人，內心深處也還是有像小孩子一樣膽怯的一面，想要得到肯定、不想讓別人失望、希望有人愛自己——為了滿足各種渴望，人會輕而易舉地將自己賤賣出去。但在忙碌的日常生活中，我們卻非常難察覺這種賤賣自己的行為。

所謂的自己，好像近在眼前，實際上卻遠在天邊。

寫自我備忘錄雖然花時間，但透過檢討自己的每一天，能夠挖掘出過去被埋葬的感覺及情緒。無論何事，「無知」都是一副巨大的枷鎖。生病了要知道病因及病徵才有辦法進行治療、對症下藥。若什麼都不知道，就只能悶悶不樂地一直不舒服下去，每一天都索然無味。所以，請先從頭到腳仔細地重新檢視自己，順便連內心也好好看一看。若是因此感到害怕或不安的話，請不斷回到這一章重新來過。

請將自我備忘錄作為夥伴帶在身邊。

# 總結

- 讀遍商管書籍或網路文章卻無法學以致用，是因為缺乏「自我肯定感」。首先要打好改變的地基。
- 製作一本沒有人看得到、專屬於你的「自我備忘錄」，建立每天「書寫」的習慣。
- 將不安、喜悅、自卑都化作文字，清空自己的思緒。不無意間自傷，從小地方開始誇獎自己，找回自信。

第 2 章

# 揪出時間小偷

## 破壞篇

好奇怪。為什麼今天就這樣過完了？

我腦中忽然閃過了這麼一句自以為很有詩意的話，此時時鐘的指針指向正上方，宣告深夜的到來——啊，一直想著要看的書，今天還是連1頁也沒讀。我在睡前望著書架上堆積如山的待看書籍嘆了口氣。

這些堪稱智慧的結晶，自豪地排在書架上的書都是在Amazon上訂的，隔天就送到了。雖然現代的魔法與令人感激涕零的處理效率能讓書本只在轉眼間送達，但我今天依舊一本書也沒拿起來看，有的書甚至已經放在那邊超過半年。

我撐著沉重的眼皮，在心中道歉：「辛苦的物流人員，對不起！我不會再選隔天上午送達了！」然後靜靜地睡去。

# 我的時間跑到哪裡去了？

基本上我在懂事之後，就了解到了一天有24小時這件事。而且「時間」是無論用多少錢都買不到的，大學時還曾看過警世文寫道：「學費換算下來等於1天1萬圓，因此要珍惜每一天。」

出社會以後，由於白天固定被工作佔據，「時間」的概念變得更清楚、有切身的體會。每天早上在相同時間起床、梳洗後，搭電車到公司、開早會與同事打照面後坐到自己的位子上。整個上午在忙碌中度過，午餐就吃便利商店打發。會開了一個又一個天也黑了。加班一會後，拖著疲憊的身軀回家在冰箱中隨便找些東西果腹。洗完澡夜也差不多深了，覺得自己才剛睡下去沒多久，第二天早上又已經到來。

日復一日地重複著，這就是我的日常。

我曾有過百思不得其解的奇妙經驗。下班回家雖然很好，我卻完全想不起來自己回家後到睡前「做了什麼」。如果是晚上8點到家，12點睡覺，到睡前應該有4個小時的時間可用才對。我今天也沒有帶工作回家，到家之後要做的事就只有把做好的飯菜拿出來熱、吃晚餐，

而洗澡也頂多20分鐘而已。

不知為何，時鐘顯示現在已經是深夜時分。回家都超過4小時了，我卻還是沒有翻開自己一直想看的書，也沒有讀自己一直想讀的英文。這段時間自己「只」吃了飯和洗了澡根本不叫奇妙，而是莫名其妙。我歪著頭苦思，想要找出答案。

## 時間消失之謎

我好像總是忙得不可開交。每天、每週一直有這種感覺，但如果問我「為什麼」會那麼忙，我反而給不出一個清楚明確的答案。

在每個人眼裡，一天一定都是24小時。假設睡眠時間8小時的話，剩下的16小時是有意識的時間。再進一步來分，若公司的規定是1天工作8小時，那麼剩下來的8小時照理來說完全都屬於你。就算當中有些時間用來吃飯、洗澡，每天都還是擁有與工作時間幾乎一樣多的自由時間。

每天8小時，平日的5天加起來就有40小時。1個月下來，將有多達160小時的時間在你手上可供支配，但想得起來自己究竟把這些時間用到哪裡去了嗎？究竟有多少人在最近1個月嘗試了新的事物，或是將過去想做的事付諸實踐了呢？

雖然不清楚是怎麼一回事，但時間不可思議地流逝了。

想要做出改變，可是回過神來才發現，又在重複每天複製、貼上的生活。不經意地望向鏡子，映出來的是毫無變化的自己，簡直就像小說或故事裡會出現的詛咒。

不僅限個人，許多現代人都得了這種病，或可以說遇上了這種日久天長的海市蜃樓。才在想「今天也好忙喔……」轉眼就到了週末；打定這個月一定要請特休出去玩，結果不知不覺已經來到月底；到最後甚至驚覺自己已經窩在老家的暖桌裡，準備迎接新年的到來。是否也有這樣的經驗呢？

時間到底跑到哪裡去了？

答案有點複雜。因為如白蟻般一點一滴啃食珍貴「時間」的小偷，存在於現代生活的各個角落。每天奔波忙碌的人更加不容易察覺，時間被切割得極為零碎，然後四處拋售。由於此一事實在過於接近，而且融入於生活中、經過精心巧妙的安排，因此自己很難發現。

一起來看清時間小偷的真面目吧。

## 可怕的螢幕時間

每一名現代人平均每天會花超過5小時在「某件事情」上。超過5個小時已經快要等同於用來工作的時間了，是不是嚇了一跳？到底為了什麼事情付出幾乎和工作匹敵的時間？

答案是「消費各種資訊」。

消費資訊聽起來好像很艱澀、讓人毫無頭緒。用簡單的例子來說明的話，包括各式各樣的社群媒體、網路新聞、朋友或公司傳來的訊息、網路上的各種影片等，也就是為日常生活帶來樂趣的App及各類網路影音內容。

由於我們得到了智慧型手機這個

「禁果」，以致無論何時何地都能持續不斷地接收資訊。

「唉呀，我是有在看，可是沒有成癮啦。」

絕大多數的人都會認為媒體上常看到成癮、依賴症之類的詞與自己無關，自己用手機的時間絕對控制在適量範圍內，但這其實存在很大的盲點。

各位可以看看自己手機裡面的「螢幕使用時間」驗證這一點。近年來已經有科學研究證實手機成癮及網路影音的危害，而且因為事關社會倫理層面，各大手機製造商都推出了官方的螢幕使用時間計算功能。今天用了哪些App、用了多久全都會透過數據清清楚楚顯示出來，無時無刻都有人在追蹤你的手機。

你今天看了手機多久呢？

相信不曾把這件事放在心上的人在看到顯示出來的數字後，應該都會嚇一跳。大部分的人應該都是4～5小時，用到7～8小時的人肯定也不在少數。由於過去從事的是IT相關工作，我還記得第一次看到自己的螢幕使用時間大約7小時的時候，不禁覺得「是不是搞錯啦？」

得知自己一天8小時的自由時間中，有接近7～8成時間都耗在手機上之後，我終於搞懂自己為什麼永遠沒空讀英文了。

## 資訊營養過剩

如果每天都吃全套豪華料理而且每道菜吃光光，一定會變胖。

用吃東西來比喻的話，這個道理大家都懂。但如果是資訊這種「肉眼看不見的東西」，雙眼往往會受到蒙蔽。雖然資訊沒有熱量、不會使人發胖，但時間卻是有限的。無論是用聽的還是用看的，專注力一定會被帶走一段時間。

事實上，我們的資訊消費量遠比自己想像的龐大。

早上起床後，明明不用考試，卻花上幾十分鐘瀏覽社群媒體上的動態，邊看影片邊吃著食不知味的早餐。搭車或休息時也都在看網路新聞或八卦消息；一面瞄著謎樣健康食品的評論，一面又順手按下了畫面上跳出來的漫畫廣告，結果就這麼一直看了下去……自己當初到底為何拿起手機，大概早已忘到九霄雲外了。

我並不是指所有資訊都是不必要的。畢竟有些人的工作就是要追蹤時下潮流，也或者有的人想要從中獲得與他人聊天、交流的話題。娛樂可說是一種人類的特權，大多數人也並不打算拋棄俗世成為刻苦修行的僧侶。但希望各位停下腳步稍微思考一下。

你能想起多少昨天看過的新聞、文章，或是某人發的動態？

「昨天晚上看了些什麼」、「看了哪些資訊後有何收穫」……如果被問到這些問題，有辦法立刻將留在頭腦中的東西整理成摘要說給別人聽嗎？若可以當作聊天話題或知識記起來也就罷了，但絕大多數的人光是要用眼睛跟上耳朵聽到的新聞資訊就已經很吃力了，基本上都是左耳進、右耳出。

這樣說可能不太恰當，但如果用吃東西來比喻，或許可以說是「每餐都吃全套豪華料理，但吃下去以後當場就吐了」。明明花了寶貴的時間想要看遍各種資訊，但到頭來頭腦裡卻什麼也沒留下，可以說這樣有點悲哀，只是徒增令人不解的鬱悶。

追求新知是人類的根本需求，因此就某方面而言並沒有什麼解決之道。即使如此，一旦置之不理，又感覺在培養病態般的恐懼。之所以待辦清單被一再拖延，正是因為我們老是抱著手機不放。

## 記錄你的一天

接下來要請你以10分鐘為單位，記錄自己今天做了哪些事。

可以記錄一整天的話固然最理想，如果只是想小試一下，那就把範圍縮小在非上班時間的「早上」及「回家後到睡覺為止」的私人時間。採用傳統方式寫在筆記本當然可以，但因為字數恐怕會很多，我建議不妨用手機或電腦上的日曆、記事本等來記錄。

（例）

**晚上8點回到家。**
**晚上8點10分邊看YouTube邊吃飯。**
**晚上8點45分看推特。**
**晚上9點20分回LINE。**

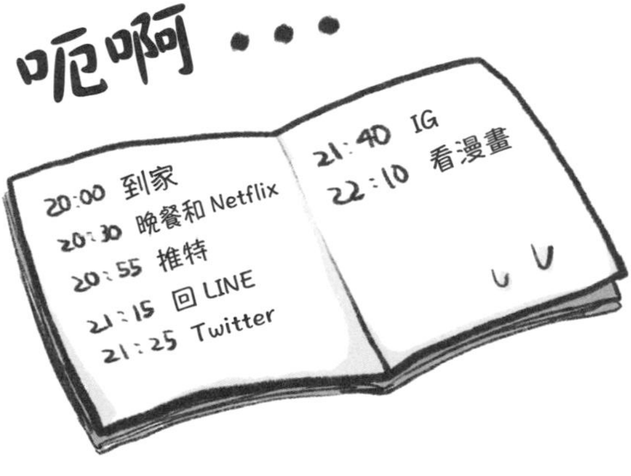

說不定動筆紀錄的瞬間就會訝異「哇，原來我又在滑手機了！」然後感到害怕。我們在手機上各種資訊所花的時間，遠比我們自己以為的多。

早上起床後，尋找的第一樣東西是不是手機？是不是一走出家門就拿起手機邊看邊走路，完全沒把周遭更迭的景色放在眼裡？搭電車時有多少人會把手機收在包包裡？和朋友吃飯，或是洗澡、上廁所時，能忍著不拿手機出來滑嗎？

搭電車時觀察眼前的其他乘客，會發現大家都在做一樣的事——只要有3秒左右的空檔，就會解鎖手機開始滑起來。這些動作感覺不太到特定目的，看起來只是毫無頭緒地想尋找「有沒有什麼東西可以看」的行為。

可怕的是，當事人完全沒有自覺。

一旦缺乏自覺，甚至不會去思考這是不是一項需要正視的課題。當對象是肉眼看不見的「時間」時更是如此。因此一開始建議先將目前使用時間的方式、習慣用具體的形式記錄下來：自己會在什麼時間拿起手機來看、每次大概看多久、有沒有通勤或上廁所之類的特定情境或地點會讓自己忍不住拿手機出來看？全部詳實加以記錄。

我開始檢討自己的時間運用時，透過螢幕使用時間發現自己每天花了3～4小時在看推特。但我實在無法置信，甚至懷疑螢幕使用時間這項功能到底準不準、有沒有問題，想要找出自己不用做改變的理由。

結果當然如各位所料，其實我無論早上、白天、搭車、洗澡時，只要一有空檔就在滑推特，螢幕使用時間是正確的。

但只要願意勇敢正視嚴苛的現實，就不會有事。

從今天開始尋求解決之道，抱著平常心慢慢改善就好。難以對付的時間小偷雖然四處橫行，不過只要留意自己每天無意中的小動作並加以改進，就能大幅改善時間的運用方式。若能持之以恆，便可以每天拿回數小時，一年下來便可拿回好幾百小時的巨大時間損失。

接下來，趕快切身體驗趕跑時間小偷的方法吧。

## 刪除App

一開始就要來這招嗎？

不知道是不是有許多人滿心期待，結果看到標題後忍不住「嗄？」了出來。不好意思，從大家最討厭的一招先講起。啊！等一下，拜託先不要逃走（笑）。我並不是要求現在馬上刪掉推特帳號，或是把ＩＧ上累積了好幾年的照片全部刪光。當然也沒有要求把手機砸爛的意思，我說的是真的。

其實最清楚自己究竟該做什麼的人，或許就是你自己。

好了，接著就來詳細解說「該刪掉哪個App」這件事。判斷方法其實很簡單，拿起自己手機來看，只要是符合以下這兩點的App都可以刪掉。

**①會與他人產生互動。**

**②有可以無限觀看的文字、影音內容。**

首先要做的，就是試著刪掉推特、IG、臉書等各種社群媒體App，以及無論是工作或私底下都常用到的Gmail等郵件App。光是這樣，恐怕就已經感受到強烈衝擊了吧。接下來再刪掉Slack、Messenger等非內建的即時通訊App。另外還有SmartNews、NewsPicks、日經新聞等新聞媒體類App。最重要的，就是提供各種影音內容等無盡誘惑的YouTube、Netflix等影音串流服務，一定要刪個一乾二淨。

重點在於不管是工作用還是私人用，一律全都斷捨離。工作上會用到、會無法跟別人聯絡、習慣每天使用等藉口在這時候全都不管用，請狠下心來，或該說斷絕一切情感及念頭，將App一個個刪掉。有些人或許會乾脆直接讓手機恢復原廠設定。只留下手機裡最基本的電話、簡訊、日曆、天氣、健康管理等App後，準備工作就大功告成了。

該不會開始覺得想吐了吧？

說「別擔心」可能稍微誇大了點，但我一開始也是這樣。這是當然的，我又不是頓悟了大道理的高僧，怎麼可能不假思索便爽快地把App都刪掉。

**這樣不會不方便嗎？**

**應該說，我真的做得到嗎？**

我到現在都還記得，當時不斷在房間裡來回踱步，心中充滿不安的那種感覺。

可能會參與不了朋友的聊天話題、不知道會不會被主管講什麼……腦中湧現各種不安，不停打轉然後又消失不見。

但是，我的螢幕使用時間是不可能騙人的。

只要看螢幕使用時間就會知道，我今天又在推特上花了3小時。

# 失去了還可以找回來

話說回來，有個好消息要告訴聽到必須把最愛的App「刪掉」，而感覺想吐的人。其實現在App的資料並不是儲存在手機裡，而是存在雲端伺服器，在絕大多數的狀況下，就算刪除了App，帳號或資料也不會消失。

沒錯，這個挑戰是有挽回餘地的。

把東西丟掉或是辭去工作之類的事基本上無法挽回，導致在面對這種不可逆的抉擇時都會非常頭痛。但App不一樣，真的覺得不行只要再重新下載就好了。不需要花錢，也不用找專人處理，動動手指就能隨時把App救回來，並不會一改變就萬劫不復。

既然這樣，要不要試著刪刪看？

不用一口氣全部刪掉，先從感覺心理負擔比較輕的開始，一個一個刪就好。也可以考慮如果成功刪掉一個了，就犒賞自己一下。我自己則是花了1星期左右的時間，拖拖拉拉地照著以下的順序刪除的，各位可以參考看看。

**❶新聞App、出於好奇安裝的App（沒有留戀）。**

**❷臉書、IG、YouTube（依賴度低）。**

**❸Gmail、Messenger、Chatwork（依賴度中）。**

**❹Kindle、Netflix（依賴度高）。**

**❺Amazon、推特、Slack（成癮）。**

別小看我，雖然口中一直嘀咕著，但還是把這些App都刪了。坦白說，心裡其實七上八下的，不安到了極點。

由於刪掉的大多都是有事沒事就會點開的App，刪掉之後過了幾小時，當發現沒有自己熟悉的App，應該會覺得非常不對勁。也或許頭幾天解鎖手機後才想起「啊，已經刪掉了……」使人產生失落感。這時候心中大概會出現再把App安裝回來的念頭吧。但請忍住，忍1個星期、忍幾天就好。

請務必體驗一下沒有App的生活。

## 減少通知

刪除App後，接下來請進入「設定」，關掉全部App的通知。沒錯，就是「全部」。由於已經刪掉了相當數量的App，關掉通知其實超乎想像簡單。僅存沒有關掉通知的，大概只有電話和簡訊之類手機原本預設的項目。至於我自己則只保留了登錄工作行程的日曆、與娘家聯絡用的LINE，以及用於聯絡老公的家庭用Slack。

另外，電腦桌機的通知功能其實也很常使人分心，要多加留意。臉書、Messenger或是雲端服務等經常跳出通知的應用程式，最好也都關掉通知。

App在日常生活中為了提醒自身存在所發出的「通知」擁有無窮威力。

試著狠下心來把通知關掉，就會有明顯感受。App端會藉由通知以各種方法引誘使用，甚至不少開發商還有專門的團隊負責。App的通知就是這麼有影響力，而且成為了一門生意。我自己也曾經以開發者的身份設計「通知」，因此自認十分了解它的能耐。

當我嘗試關掉通知後，才發現這樣做的效果有多大。

關掉通知後，就幾乎沒有「機會」想起App了。沒有想起就不會去

看，當然也不會拿起手機。即使解鎖手機，也完全沒有使人能想起App的蛛絲馬跡。

如此一來，就會感受到自己自然而然地減少了「有事沒事就點開App」這種不自覺養成的習慣。講得狠一點，如果沒有想到就不會去點開來，那就代表這個東西在生活中是「沒有必要」的。如果真的必要或有需求，就算再怎麼不情願也會想起來，然後也只在有真正有需要的時候才點開來使用。

這樣就足夠了不是嗎？

「通知」乍看之下很方便，但卻會讓人順便想起其他不相干的事，是個麻煩又雞婆的功能。察覺這一點，保持適當距離，能夠憑藉自己的意志決定何時使用——希望各位親身體會一下這種舒暢的感覺。

## 無論如何就是想看

刪除App、關掉通知已經過了幾天。隨著時間流逝，應該能感受到2種明顯不一樣的情緒，分別是「原來有些App刪了也沒差，其實不需要」與「有些App無論如何還是希望存在於手機裡」。

真的刪掉之後，就能清楚知道自己「只是出於惰性去用」或是「真的需要」某個App。

以我自己來說，我也非常驚訝原來IG只是自己出於惰性使用。我不討厭拍照，也喜歡看別人拍的美照，偶爾發個限時動態也沒什麼不好。雖然沒什麼不好，但一直配合別人下去恐怕會沒完沒了，而我似乎沒有那麼打從心底熱衷這種事。因此，刪掉之後我並沒有想看的念頭，也沒有到忍受不了而重新安裝回來。若發現有Ａｐｐ符合以上敘述，那真是賺到了。就這樣悄悄淡出，安靜地結束這段關係吧。

至於刪除了之後還是讓我感到坐立難安的則是推特。有許多機遇或社群只存在於推特上，而且我也會用推特進行工作的宣傳或品牌經營。不管推特有多容易使人沉迷，但這就是我的財產，是絕對不可能完全拿掉的。

有些讀者應該也是將社群媒體當工作上的工具，無論如何都難以切割；也或許有些重要的朋友就是只能在這個社群上維繫，我相信某些東西我們就只是純粹的「喜歡」。輕易地叫人拋棄或放棄未免有些粗暴，而且也偏離了原本的目的。

因此，我建議實在難以割捨的App就訂出時間、頻率等限制，並僅限於特定裝置上使用。

例如，我最愛的推特就沒有裝在手機裡，所以是用電腦看。雖然每天都會上去，但時間只有早晚各10分鐘左右。而且我是以自己發推為主，會盡量避免無止盡地去看別人的動態。由於手機裡沒有裝推特，因此搭電車、上廁所之類的空檔也就不會拿來滑手機，這些時間可以看書、悠閒地看街景，思考工作靈感的時間也變多了。

最近我甚至已經習慣好幾天才看一次了。但說來難為情，刪了又裝、裝了又刪的循環仍然是至今無法突破的難關。雖然想看的念頭有時會反撲，但我也在能力所及的範圍內一點一點地慢慢減少看推特的時間。

無論是人際關係或App，要一下子完全切斷關係是很難的。但既然App可以重複刪除、安裝，那不妨盡量多試幾次。真的無論如何都難以割捨的，就請訂定規則，務必控制好自己的慾望。

## 少看信箱

就和社群媒體成癮一樣，信件也會成癮。

每天不知道點開收件匣多少次，一直想確認「有沒有人寄信來」嗎？有可能是客戶有急事處理，或可能是煩人的廣告信。很不巧的是，我偏偏有4個信箱。雖然一直覺得應該找時間全部整合成一個，但因為我是依工作用、私人用、興趣用來區分，所以這樣其實很方便。

不過老實說，每天要看完所有信件真的很花時間。但其實我和別人的信件往來並沒有很頻繁，因此假設，說不定並不需要每天收信、看信而訂了一條規則。

那就是狠下心來乾脆1週看信箱2次就好。

具體來說，是在「星期一」和「星期四」早上各花30分鐘左右的時間。

或許有人會質疑：「這樣不會影響

到工作嗎？」多久看信箱一次肯定會隨業界而有所不同，請視個人狀況調整為最理想的頻率。

但其實我整理得最認真的，幾乎都是廣告、網購的付款以及登入通知。一想到我為了處理這些信件，每天不知道要打開郵件App多少次就覺得實在很蠢。

其中當然也包括了工作的信件，但就只是慢了幾天回覆而已。

若問我是否有因此而失去工作，倒也沒有什麼影響。看信箱的時候就全神貫注，將確認信件內容、回信、刪信一次做好，如此反倒沒有漏看或出現疏漏。有需要的話，會事先告知對方自己看信箱的頻率，以免和期待產生落差。另外還會把緊急時的聯絡電話留給必要的對象，有事時打電話更快。如果還有對象需要更加頻繁聯絡，那就不要用郵件，改用Slack等其他工具或許會更好。

請隨時抱持疑問：「真的只能透過信件聯絡溝通嗎？」，不要再當收件匣的奴隸了。

## 減少回覆

以前寫信的時代都會覺得「好期待收到回信啊！」但並不會信寄出後過沒

多久就覺得「怎麼那麼慢還沒回信？」寫信是一件很花心思的事，寄送也需要一定時間。最重要的是，絕不會寫出：「你在幹嘛？」而是寫下自己想要告訴對方的各種大小事，努力思索推敲信中的語句。

相比之下，現在這個時代已經變成了只要5分鐘沒收到回覆，就會猜想「對方在幹嘛」、跑去確認對方有沒有更新社群媒體；或即使回家了，同事還是會一直傳訊息來，並tag你問：「那件事處理得怎樣了？」就算人在地球的另一端，訊息也不用一秒就能送到，這實在是個既便利又恐怖的時代。

我們竟然已經習慣了這種狀態，甚至認定應該要馬上回覆訊息，要回得更多、更快。無論是電子郵件、聊天群組、私訊，全都希望能立即收到回覆。這種「期望的回覆速度較過去快上數十、數百倍」的現象要說是現代的一種文明病也不為過。

我以前也一直提醒自己，一定要馬上回覆。

無論是走路、搭電梯、搭電車，甚至是洗澡的時候……我總是毫無喘息地一直在看訊息、回訊息。現在回想起來好像客服人員一樣。我永遠覺得有人在看著自己，找不到一個可以靜下心來的空檔，因此乾脆心一橫，試著不再立即回覆。

但請別誤會，並不是要求無論什麼訊息都一概忽視，而是建議分別對於私人訊息及工作訊息設定固定的回覆時間。

首先是私人訊息。

我個人的做法是固定在午餐時及表定的下班時間一次回覆所有私人訊息。只要方便，時間訂在幾點都可以，重點是盡量減少白天時在意「有沒有人傳訊息給我？」的時間。就算收到新訊息，但還沒到回覆時間的話就不回覆，這條規則讓我漸漸不再為了新訊息而緊張兮兮。

接著來看工作的訊息。

這就比較麻煩一點了，畢竟可能會有緊急的聯絡，或手上的案子出了什麼嚴重的問題。由於很大一部分取決於每個人的職務及所在的位置，因此無法一概而論，但我可以分享自己身為坐辦公桌的普通上班族的經驗。

我每天早上都有專門用來確認未讀訊息的時間，讀完前晚至今早沒看過的訊息後再一起回覆。白天時也不會一直黏著手機不放，而是趁工作與工作間或是開完會的空檔，利用5至10分鐘左右的短暫時間一口氣回完訊息。

重點在於訂出的規則不能影響自己做好份內的工作，並且要先向同事、客戶等工作上會接觸到的對象說明清楚。突然遲遲不回覆，對方當然會感到疑惑，因此除了拿出「可能因為在專心工作，無法立即回覆訊息」之類的正當理由外，也要一併告知「有緊急狀況時可以直接聯繫我」，準備好當對方希望能立即回覆時的配套措施。這些做法不是要用來偷懶，或故意忽視對方，而是若能將自己的工作表現提升到最高，對公司自然也有好處。

一定也會有人認為，無論交友或工作，「迅速回覆是關鍵」。我同意，這也是建立信任的必要因素之一。但如果「只」因為這樣就失去信任的話，我會覺得這種信任有點可怕，或說有些淺薄。

請將「真的要現在嗎？」的疑問放在腦中，試著拿出勇氣脫離秒回的地獄。

## 少看新聞

新聞在電視或App上有一點做得很成功，那就是「令我們感到不安」。

過去我主要是透過推特收集資訊，並會在早午晚找空檔看遍各種新聞App。當時我拚了命地想要掌握所有資訊，比任何人都快跟上趨勢。

另外，記得小學時不知道聽誰說過每天早上都要看新聞。可是為什麼是每天都要看呢？似乎沒有人可以給出令人信服的答案。因為有人說「大家都這樣做」、「應該要這樣做」，所以一件事就變成了「理所當然」，這實在是可怕至極。就像「情人節是商人為了賣巧克力創造出來的」這種說法一樣，即使對於新聞的已再熟悉不過，別人的一句話也可能巧妙地改變我們對其必要性的認知。

基本上，媒體是藉由「獲得贊助商提供的資金，提供影音或文字內容」的廣告模式存活。對贊助商而言，愈多人看到自己提供的廣告愈好，因此媒體如何製作出吸引更多人觀看的內容便成了關鍵——在這個充斥著各種娛樂的時代，如果不夠聳動，就無法得到足夠的關注。因此，我們不會看到「今天天氣很好，也沒發生任何車禍」的新聞。

那新聞報的都是些什麼事呢？基本上就是會吸引目光的悲慘案件，或是某人的疏失所引發的騷動等。國與國之間的齟齬、對於政府的批評、貪污瀆職、明星外遇或醜聞、兒童的死亡意外、命案、老年後的錢、未來會消失的工作……媒體總是忙著關注別人的壞事、不幸。而且老實說，大多數都是會讓人感到不安、不舒服，覺得「早知道就不要看」的內容。一早就看這些東西的話，要怎麼讓人打起精神，積極正向地去上班呢？

　每天有太多讓我們心情激動、不舒服的東西了。

簡單來說，先停止每天早上看新聞吧。每天都看完全沒有必要。告別App、信件後，接下來要告別的是新聞。

不過，主動斷絕資訊來源的話，很容易變成對世界變化一無所知的原始人。既然活在這個社會中，還是有必要接收最低限度的資訊，我們當然也不例外。因此，我並不是粗暴地要求把接觸新聞的時間直接降為零，而是和信件一樣，控制好「頻率」和「時間」。

我會每週一次，在中午過後花30分鐘到1小時，重點式地把新聞瀏覽一遍。之所以選擇這樣的時間及頻率，是因為我容易把情緒帶入一件事情之中，而且感官也十分敏感，除了單純的文字，還搭配上聲音、圖片、影像每天瀏覽，情緒會過度受到干擾。別人的「悲傷」、「難過」、「憤怒」會對情緒造成不必要的影響。但頻率低於每週一次的話，要追趕進度又會太累。在不會影響到心情的前提下考量閱讀上的負擔，最終定案的頻率就是如此。如果真有什麼很熱門的新聞，同事或朋友在訊息中也會自然帶到，因此幾乎不會錯過。

資訊會讓人不斷被迫接受無限大且誇張的恐懼洗禮。切勿自亂陣腳，謹慎選擇跟自己磁場合得來的媒體，判斷適當的觀看頻率才是上策。

## 那到底要做什麼？

實際刪除了App並減少新聞等龐大訊息的接收量後，相信很快就會感受到效果，且可能會產生這樣一個疑問：

「這樣不就沒事情做了？」

畢竟「那些」東西都已經不在手機裡了，不存在的東西再怎麼樣也變不出任何把戲——歡樂的社群媒體、跳出無數則通知的郵件App、想怎麼看就怎麼看的影片及電影訂閱服務全都不在了。就算解鎖手機，也會發現「啊，沒有事情可做。」又馬上關掉螢幕。如果拿起手機也沒有事情做的話，就代表跨出了一大步。

接下來請捫心自問：「那到底要做什麼？」

一旦有了空閒的時間，原本埋藏起來的想法就會冒出頭來。像是「啊，對了，我原本其實很想看那本書。」於是將手伸向書架，或是「把還沒完成的部落格寫完吧。」等等，逐漸想起自己原本想做但卻一直被埋藏起來的事。另外，「用心泡壺好茶」、「邊散步邊看路上的風景走回家」之類悠閒放鬆的事也不錯。其實放空頭腦發呆，享受什麼也不想的時光也挺有意思。

在這個時代，想要留一些時間給手機以外的事物竟然得花這麼多心思，實在頗為悲哀。

但只要能跳脫出手機畫面，外面的世界隨時有無限可能性，並始終如一地等著你。

希望各位務必體會一下手機外面的世界是如何的多采多姿。

## 懂得減少，才會有新開始

從前面一路看下來，或許有些人會感到抗拒，覺得這樣做是否過於極端；也或許會有人質疑，刪掉那麼多，生活是否真的快樂；或認為這樣做感覺很任性，根本不重視人與人之間的交流。即便如此，我還是要大力強調「減少」的好處。

這是因為現代人對於「量」已經麻痺了。

吃了多少、看或聽了多少、買了多少會感到幸福呢？與什麼樣的人以何種頻率交流能樂在其中而不會感覺累呢？這個時代過量的資訊與巧妙的廣告手法使得我們的感官已經到達極限，一直處在超載的狀態。

而且，要減少很難，要增加卻很容易。

二話不說接下交辦的工作可以贏得歡心；吃美食、在家耍廢讓人感覺很幸福；上網買下全套自己喜歡的漫畫、訂購可愛的家具打造心目中理想的房間也只要一眨眼的工夫。但熬夜完成工作的人是自己，想瘦下來的話也得付出好幾倍的時間和努力。書本會佔去家裡的空間，家具如果不想要了還得花錢請人清運。

以上只是比喻，並不是要鼓吹吃素或是過極簡生活。但「減少」這件事不管在哪個領域應該都一樣困難吧。

因為減少而產生的空白會召喚來新的可能性。

或大或小，我們日復一日地生活時，心中都藏了一些未竟之事。可能是孩提時期放棄的夢想、對於其他國家的嚮往，或是在鄉下悠閒過日子等，每個人不盡相同。但當腦海中浮現了「有一天」、「我也想要」、「嘗試看看」的念頭時，是不是可能因為「可是現在太忙了」而否決了付諸行動的可能性呢？

即便如此，倘若身心都已經精疲力竭，也不可能有足夠的時間做出改變。

擺脫「現狀」所需要的時間與精力其實超乎想像。而且若是一直處在忙碌狀態，除了時間，也相當耗損心力，讓人愈來愈動不起來。最後甚至連去稍微遠一點的地方喝杯咖啡都嫌麻煩，被忙得不可開交的日常生活吞噬的微小心願一下子就會遭遺忘。

可怕的是，並不是只有忙碌的工作會讓人變成這樣。以為的娛樂、以為可以療癒自己的事，其實都使人疲憊不堪。一旦這些事情連挑戰未來、投入新事物的機會都奪走了，就肯定必須放手了。

所以，先從減少做起吧。

之後再加回來就好。

或許會覺得上面兩句話互相矛盾，但我的意思並不是不假思索地拚命猛刪東西就好。請在工作、資訊、交流、對話、擁有的物品等各種不同層面進行探索，找出類似吃到八分飽那樣，讓自己覺得「嗯，這樣還不錯」的感覺。

要做到這一點，就得先將身邊的時間小偷全都揪出來，這樣才能找回被埋藏起來的感知能力，直接嗅出怎樣才是真正舒服的感覺。

人要有「適度的餘裕」思路才會清晰、有辦法做出正確的選擇及取捨。所以別害怕，試著踏出一小步吧。相信這樣做一定能幫助找到自己真正需要的東西。

# 總結

- 寶貴的時間都被「消費資訊」給奪走了。手機的螢幕使用時間不會騙人。
- 「聯絡工具」、「無限影音內容」的App都盡量刪除。刪除後隨時都能安裝回來，大可放寬心一次又一次地挑戰。
- 不減少就沒有新的開始。先將「通知」、「新聞」、「信件」都減到最少，找出對自己而言最適當的量。

第 3 章

# 妥善規劃 1週行程 活出自己的人生

重建篇

便利貼、記事本、電腦的管理工具。

我們不斷將眼前的工作記載到各式各樣的媒介上，提醒自己「不能忘記這件事」、「那件事必須在時限內完成」。同時要做好多件事，又突然想起：「啊，這個東西的交期比較早！」就像在幫蔬果分類評級似的，每天都要處理多到幾乎滿出來的工作。

「任務管理」現在已經是一個很常見的詞，到處都能看到各種相關書籍或基礎知識。我也曾經興致勃勃地去買書、買新筆記本，拿出五顏六色的便利貼，彷彿尋找救命的稻草一樣，嘗試了各式各樣的方法。

我過去習慣用便利貼記錄自己的工作內容，電腦螢幕像是在辦華麗的祭典一樣，上下左右總是貼滿了便利貼，用大大的文字寫下要做的事情，以免自

己忘記。每張便利貼右下角還會細心地用紅筆標註工作的交期。當時認為，這樣做的話隨時都看得到，不會忘記、要更動修改也很方便。工作完成時一把撕下便利貼，揉成一團丟進垃圾桶更是充滿快感。

可是到了要下班時，抬頭一看卻發現，螢幕上還是黏滿了今天也沒能著手處理的便利貼。其中甚至有黏了超過1個月的，上面的字跡都有些曬得褪色了，簡直就像電線桿上風吹雨打的廣告。

別說是原本期待的快感了，我甚至覺得眼前這些被我一直晾著的工作，正用一副不可置信的樣子瞪著我質問：「喂，到底什麼時候才要做啊？」

## 喪失記憶的私人生活

擺脫讓人忙到暈頭轉向的工作回到家後，看到家裡的慘狀不禁嘆了口氣。

水槽裡待洗的碗盤多到要滿出來了，忘了拿出去丟的垃圾在地板上排排站。衣服四散各處，簡直就像被人闖進來洗劫過一樣。應該要交給市公所的文件放在桌子上2個月了。當初因為衝動買來的書被丟在屋子的一角生灰塵，至今也只看過幾頁。

人很擅長把工作「以外」的事往後延。為了公司的案子忙得半死，對於自己的休假卻完全沒有安排；或是一個不留神把重要的紀念日給忘了，結果跟另一半吵架；附近的咖啡廳一直想找時間去，卻始終沒有動作，到頭

來不知不覺間店都收掉了；連最後一次出遊都已經不記得是什麼時候的事，逐漸成為褪色的回憶……。

回想起來，自己幾乎沒有工作以外的記憶。

是否曾在週末突然湧現這種異樣的感覺？除了睡覺以外，剩下的時間全被工作佔滿了。雖然覺得好像有其他想做的事，但連回想究竟是什麼事都讓人精疲力盡，於是每天焦急地等待週末的到來。等到終於迎來心心念念的週末，也勉強只夠讓身體好好休息，想起自己想做的事情時已經到了星期天傍晚，只好告訴自己：「不然下禮拜再做吧？」不知道像這樣往後延多少次。

我完全沒有要說工作不好的意思。

工作為人生帶來的充實感是其他事物難以取代的，與志同道合的夥伴一起為相同目標打拚也讓人很有成就感。最重要的是，能為社會做出貢獻是一件值得驕傲的事，「與他人一同工作」這個行為本身就是甜美的果實，會觸動人類的本能。但也正因為如此，走錯一步就會付出慘痛的代價，也會產生巨大的風險。

我曾看過好幾位自豪地表示「工作是我的興趣」的同事，某天突然下不了床，診斷出憂鬱症後再也無法來上班。聚餐時更是聽過朋友無數次發牢騷，後悔自己一直拖著想做的事沒做。而當我自己身心瀕臨崩潰時，也曾突然冒出這個想法：

「我的人生真的有在前進嗎？」

工作雖然充實，記憶卻曖昧模糊，私人生活則是一片空白。難道我要在過著這種極度不平衡的生活數年、數十年後，當晚年臥病在床時才像漫畫一樣，幽幽地冒出一句「真希望人生能重來一次」嗎？

腦中閃過這樣的想像時，我不禁抖了一下。

## 讓人生前進的任務管理之道

在歷經了這個小小的驚悚想像後，我開始認真思考，要怎麼做才能在「工作」及「私人生活」平衡得兩全其美？又是否有辦法落實到人生之中？

尋找相關書籍後，雖然看到很多針對工作精簡扼要的任務管理方法，但卻完全沒有照顧到私人生活。若欲反其道而行改為重視私人生活，又會得出「那就辭掉工作換取自由」這種極端的結論。

我喜歡工作，想要繼續做下去，也想做出一番成績。

但也希望有時間做自己想做的事，讓自己喘口氣的時間無法捨棄。

這兩種看似自相矛盾的心願都無法割捨。出於這種任性的心態，我展開了任務管理的實驗。況且，在這個資訊技術如此發達的現代，竟然還只有「不是工作就是自由」這種對立、分裂的選項，實在有點落伍。

在花了數年時間不斷嘗試、分析出日常生活中任務管理的問題核心後，終於找到了「能夠兼顧工作及私人生活」的以下這4點管理重點。

**❶所有任務一視同仁。**

**❷用「母任務」、「子任務」的方式管理。**

**❸以1週為單位管理任務。**

**❹確保每天的作業時間。**

和你的任務管理方式比較起來有什麼不同嗎？乍看之下，每一點似乎都沒有太大新意，也沒有用到什麼特殊的技術或ＡＩ。但這4點對於推動人生前進有極大效果。

以下就來詳細說明這些重點。

# 1 所有任務一視同仁

聽到「任務」這個詞，都會認定這就是專指工作。雖然會嚴謹地管理好在公司要做的事，但卻不斷將私人生活中安排的活動往後延遲，到了真的要實行的時候往往提不起勁，只想著走一步是一步。

任務有許多種類，不過一般大致可分為「工作」或「私人生活」兩類。但講到任務管理，似乎絕大多數的人都只把範圍限定在工作。若非工作，而是去市公所辦手續、為旅行做準備這種公私夾雜的事可能就會嫌麻煩，也或許多少會希望白天只專注於工作，不想理會工作以外的瑣碎雜事。

即便如此，對所有任務「一視同仁」是很重要的。

原因非常簡單，無論是工作或私人生活中的任務，處理的人都只有你自己，而且1天也只有24小時讓你處理而已。

遺憾的是，如果只管理工作上的任務，那麼在週末來臨前能完成的也就只有「工作上的事」。或許會覺得這理所當然，但這樣實在有點可惜。

如果連想做的事、自己的興趣、提升能力、進修都無法付諸實行連週末都賠掉，半年、一年之後人生也不會前進多少。

因此，唯有將每一天無論工作或工作「以外」的任務全都視覺化，才有辦法擺脫只處理非做不可之事的偏頗狀態。

## 篩選人生的任務

想要擺脫偏頗的狀態，自然需要多工處理的能力。各位對多工處理這個詞的印象可能不是很好，但我是從不同角度來理解的。如果能學會如何妥善運用多工處理，這或許不失為「可以均衡推動各項事物」的有效方法。

我有很多興趣，而且也喜歡工作。設計是需要花時間修改、打磨作品的工作，而喜歡的登山、畫畫、寫作、旅行等，每一項是都很費時的興趣；曾經為了專注於工作，認真考慮是不是該放棄自己喜歡的事，為此十分苦惱。

畢竟自己既不是天才，也不是多能幹的人，如果想兼顧太多事情無異是自找死路；但假設一次只能做好一件事，就等同於必須下定決心在退休前得一心一意地工作。而我就算再怎麼喜歡工作，仍無法接受這種論點。

因此，想擺脫生活中只有工作的偏頗情況，並讓工作「以外」的事物也參與到日常生活中，就必須進行適度的自我管理。不然光是應付眼前的工作及交期就已經很勉強了，「自己的願望」只會在日常生活中逐漸枯萎凋零。

建議先將日常生活中的各種任務分成數類。為了讓總量視覺化方便多工處理，且每類任務的數量及忙碌程度也需要調整而分。以我為例，將公私都包含在內的所有任務分成了以下4類，藉此管理每天要做的事、想做的事。

**・本業**
**・副業**
**・想做的事**
**・雜務**

首先，我將工作細分為「本業」與「副業」。雖然都是工作，但現代的工作相當複雜——在公司裡除了自己主要負責的業務外，恐怕還得參與數件他人的案子。另外，政府現在開始全面鼓勵民眾從事副業，民間也逐漸出現了允許員工兼差的公司；也有人靠部落格賺錢，或在網路上接案。

將本業、副業放在一起來看數量非常驚人，讓人根本無暇做別的事。相信應該也有不少人一開始光是處理本業工作就已經很吃力了。因此，建議要將工作分門別類進行管理。

而在私人生活方面，則是應細分為「想做的事」與「雜務」做任務管理。想做的事是指「安排登山計畫」、「去想去的店」、「聽演唱會」等能夠滋潤人生、讓人「想要趕快做」的任務。光是列出來內心就雀躍不已，想趕快排入本週的任務清單中，這種類似犒賞自己的事情都可以歸類在此。

至於雜務則是「去公家機關辦事」、「解約家裡的網路」、「出門買洗衣精」等事務性質或家事性質的任務，絕不是什麼令人興奮期待的事。但拆開來看其實大多比想像中輕鬆，列出來會使人產生「想要快點解決掉」的衝動。

之所以將「工作」與「私人生活」進一步細分進行管理，是由於無論在工作也好、私人生活中也好，都有「想做的事」和「必須做的事」。雖然都是「任務」，但實質安排內容是雜務，還是期待不已的活動其實心情天差地遠。工作也一樣，有的讓人躍躍欲試，有的則是一想到就心情沉重，提不起勁去處理。

妥善分類所有任務並加以視覺化，可以調整自己的心態，也能藉此了解近來是否哪種類型的任務過多。另外，也有幫助察覺是否有任務被置而不問的作用。

你手上現在有哪些種類的任務需要處理呢？

仔細加以審視，找出最適合自己的分類方式吧。

## 2 區分「母任務」、「子任務」進行管理

決定好分類方式後，就趕快來看看手上目前有哪些任務。像是「製作資料」、「網站上架」、「整理廚房」、「安排溫泉旅行」等等。無論公私，把最近在處理的任務或想要進行的事都列出來。

接著將這些任務全都拆解為母任務與子任務。

過去我在任務管理上的一大問題，就是用太大的單位進行管理。如此一來會導致自己看不出來「製作資料要怎樣才算結束了」、「某項工作需要做什

麼」，因而錯估作業時間，或是因為不知從何著手而提不起勁去做，使問題堆積如山。

因此，我現在的做法是區分母任務、子任務，用有如俄羅斯娃娃般的結構管理任務。母任務會寫上代表整件事情的「標籤」，子任務則是2～4項「要做哪些事才能算是完成了這項母任務」的完成條件。這是讓任務更為清晰明確，且更容易進行評估的準備工作。

例如，「製作資料」雖然只是簡單

的一句話，但實際上必須依序完成「徵詢主管」、「收集相關資訊」、「匯入文字」、「調整版面」、「找人檢查」、「修改」、「交件」等多項任務，才能算是結束製作資料整項任務。

只看製作資料這四個字會讓人以為大概只要幾個小時就能完成，但加上了其他人的檢查及事前調查的時間後，才會明白其實要花更多時間，自己也能確實感受到「真實的工時」。

## 沒有母任務的話會有什麼問題？

如果沒有母任務的概念，只打算順其自然處理任務的話會發生什麼事？這會導致每個母任務都只是蜻蜓點水地稍微碰一下容易著手的開頭部分，但最終一事無成，迎來最糟的結果。

付諸行動執行任務是好事，可是到頭來卻是雖然一直處理小任務，但最後百思不得其解「明明做了很多事，最後卻什麼也沒完成」，傍晚時籠罩在絕望之中。而且這些徒具形式的小事會令人分心，且因為整體的母任務尚未完成而大量消耗大腦的記憶力。是否也曾經為了事情都還沒完成而驚慌失措，在工作時陷入恐慌？

將任務區分為母任務、子任務加以整理，可以將棘手的「多工任務」簡化為容易專注處理的「單一任務」。在處理眼前任務的同時，也能清楚知道「這是哪一個母任務下的子任務」，因此便可以針對任務課題做深入的思考。

另外，在一天結束前要著重「解決了多少母任務」，而非「一個個完成各種母任務下的子任務」。這樣能學會建立健全的任務循環，確實消化掉母任務。

其實，人往往都是採用效率低落的方式在漫無目的地處理眼前的任務，而始終到達不了更上層的目標。

任務要區分成母任務與子任務，請不要忘記這一點。

## 3 以1週為單位管理任務

我過去大致上都是將當天～接下來3天左右的工作統整起來管理。方法則五花八門，曾經在便利貼上寫下當天要處理的專案名稱；也曾試過在A4紙張上排出優先順序，方便一目瞭然。

但各位也知道，工作中太常出現朝令夕改的情形了。

像是1週過到一半時突然出現「拜託趕快完成」的緊急工作；或是發現規格有缺失，原本已經完成的東西必須再做修改。原定計畫被意想不到的突發狀況完全打亂絕不是什麼稀奇的事。因此，雖然任務的優先順序變化無常已是家常便飯，但如果好幾個案子同時一起來還是會讓人措手不及。一旦公事、私事全加在一起更是將人逼到崩潰邊緣。

卯足全力拯救燃眉之急，對其他事情暫不過問的做法說來簡單，可是或許很多人其實沒有想過後續的配套措施，手忙腳亂地過了幾天後已與機會失之交臂，任務本身陷入永無止盡的拖延迴圈中也是常有的事。

因此我將做法改成「以1週為單位管理任務，在這之中進行調整，做完所有事情」。以2週為單位太長，以致原本預想的計畫常被打亂；少於1週的話又會難以變更或追趕，因此最終定案為1週。

過猶不及，最適合用來推動事物的時間長度就是1週。

## 星期一是1週的關鍵

為了分配1週之中要處理的任務，我會在每週一早上花30分鐘至1小時左右分類每天的任務。

首先，週一早上將工作及私人生活的所有任務全都寫出來。製作開發所需的設計、安排月底的小旅行或是學英文等，內容五花八門。這些任務會依之前提到的方式分類並標示在隨時看得見之處。

由於依類別列出了目前手上的任務，因此無論是因為工作而忙得喘不過氣，或是因為雜務太多而心情鬱悶，又或者是在忙著準備期待已久的旅行，都能清楚地視覺化，將自己目

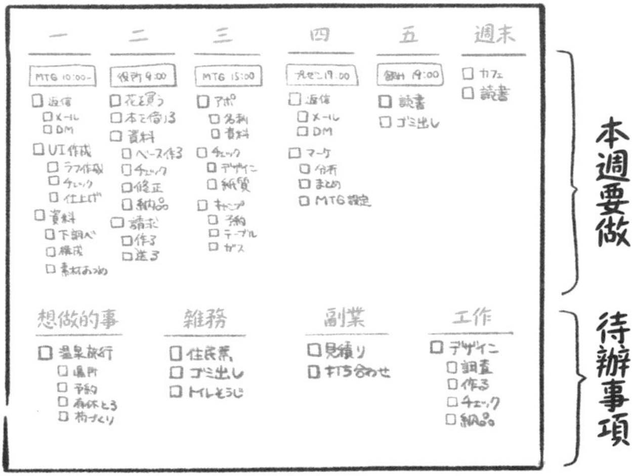

前的狀態明確呈現出來。只要知道「忙碌」或「忙不過來」的原因，心態就會產生轉變，思路也會變得更清晰。

任務大致列完後，接下來要將每項任務分解為母任務與子任務。一項母任務分出2~5項左右的子任務最為適當。超出這個數量的話，代表這項母任務可能太大，建議將母任務一分為二，再分別列出各自的子任務。

還有一項重點，平時若想起自己有什麼想做的事、該做的事，要趁還沒忘記時全部記錄下來。人是很健忘的，就算是自己想做的事也會馬上忘記。如果該做、想做的事全都清清楚楚列出來了，便能產生強大的安全感。要一直記著有哪些想做、該做其實很勞心勞力，因此強烈建議運用外部的資源替自己記住，將心力節省下來。

## 確認有沒有時間路障

用區分母任務、子任務的方式決定好最近在公務、私人方面想做的事之後，記得先暫停一下，不要急著將這些事排入1週的行程之中。

我們常會一不小心沒想清楚「每天的自由時間」就把任務分配下去，但並不是每天都有一樣多的時間可以用——可能某天晚上已經安排聚餐了；或有時一大早就要開會；也有可能某一天整天排滿了會議，完全沒有時間做事。自由時間在1週之中會像這樣不定期地出現波動。編排任務時若沒有記住這一點，可預期到了1天結束時必然會有剩下來沒處理的任務。

因此，一天之中如果有之前就已經排定、會佔用1～2小時以上時間的事情，就要當作「時間路障」，把這件事放在任務清單最前面的顯眼位置。這個做法雖然沒什麼新意，卻是成功管理1週任務的一大重點。這種時間路障愈多的話，白天就會愈沒有時間做事，因此在編排任務時要記得考量到這部分。

如此一來，相信各位都掌握到1週的大致流程了。

最後要做的，則是確認區分出了母

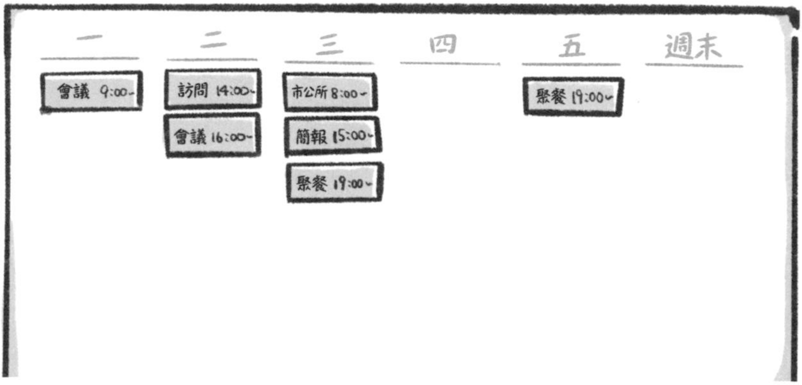

任務與子任務的任務清單，並以日為單位分配1週之中要處理的任務。會議多的那一天就少做點事、安排輕鬆的任務，或是塞進一些10～20分鐘就能完成、可以靈活調度的事情。有足夠時間做事的那一天則適合用來專心消化耗費心神的工作。當然，就算是平日，有時也可以把私人生活的任務列為優先。

## 時間要抓寬鬆一點

另外建議，接近週五、週末的時間，最好減少編排的任務量。星期五甚至幾乎完全空著也沒關係。放心，絕對不是在鼓勵偷懶。

之所以這樣說，是因為無論工作或生活一定會有「突發狀況」。

如果一開始就把行程塞得滿滿的，後續就得付出高昂的調整成本。把東西放在空蕩蕩的地方，和在空間已經所剩無幾的地方努力騰出位子放東西，耗費的勞力大不相同。當行事曆上有空檔，而有任務需要調整時，三兩下就可以輕鬆搞定。若是行有餘力，也可以利用空檔時間進行檢討回顧，提升執行任務的品質。

如果真的有很多時間，還可以提前處理其他屬於待辦事項的任務，或是對需要幫忙的同事伸出援手。另外，偶爾早點下班回家，過得悠閒一點也不錯。

空白可以帶來許許多多的可能性。

在時間全都被塞滿的狀態下，人就只能「處理」。但如果有了空白或餘力，就會冒出大量「思考」、「嘗試」等挑戰的機會。另外，事先將子任務篩選好，當突然出現數十分鐘的空檔時，就能用來做更有意義的事，而且可以馬上知道自己該做什麼，立即採取行動。

## 4 確保每天的作業時間

接下來是最後的收尾部分。

我每天早上會慢條斯理地打開Chrome，盯著自己的Google日曆看。已經排入行程中的晨會、例行會議、和別人約好的午餐……我們的行事曆中擠滿了各種「已排定的事」。

這時我還會瞄一瞄「未排定的空檔」——今天可以隨心所欲使用的時間。這是百分之百只屬於我，為了我而保留的時間。從最上面開始依序確認先前篩選好的本日任務，然後為任務在日曆行程「預定」作業時段。基

本上我建議以30分鐘～1.5小時為單位，因為人的專注力大概只能維持這麼久。

一天的時間都填滿以後，剩下的事很簡單，就是從早開始全力運轉。

依照Google日曆的行程工作，以完成母任務為目標，努力將子目標各個擊破。到傍晚時確認整體進度，檢視是否能在今天內完成所有任務。感覺有困難就重新評估任務，再次確認整體的優先度及份量是否有需要變更之處。若有剩下來沒完成的任務，就調整到明天以後繼續進行。如果有任務是下班回家後才要做，就依照安排去做。就寢前將所有任務都處理完畢並確認，便可以舒服地躺上床了。

許多人就寢時都會悶悶不樂地回想有什麼事還沒做完，或是明天要做什麼事，但只要有做任務管理，就可以暢快地擺脫這種無謂的傷神之舉。各位一定要親自體驗「今天該做的事都做完了」而安心闔眼入睡是多麼舒服的事。

## 日曆的重要性

既然已經列出了清單，那管理任務應該不需要用到日曆吧？

有些人大概會這麼認為，但我可以明確地說並非如此。因為一天的生活猶如永遠意料之外的難解謎題。

一天之中除了完整的作業時間之外，會不斷出現會議的空檔、咖啡小憩、午餐邀約……等偶發狀況，每天遇到這些狀況時都要去思考「最適合現在做的事」實在過於困難，也非常燒腦。但如果放空腦袋，漫無目的地想到什麼就做什麼的話，一定逃不過時間不足的命運。

另外，運用日曆掌握時間的技巧還有一大優點——可以更確實地評估早上的工作分配。實際將工作時間輸入到日曆，能幫助用客觀角度發現今天的任務或許太多、空閒時間其實沒有想像中多。這樣可以防止自己因為一時衝動排進太多任務，卻又忘了還有很多會要開，結果到頭來連一半的預定目標都沒達到之類的意外狀況。

人往往因為太過認真，結果不小心高估自己，塞入太多任務。有鑑於此，日曆也可以控制對自己的期望值。就算再有幹勁，時間終究是

咚——
午餐
作業
修正
檢查
作業
會議
回信
咦？

有限的；就算再怎麼不情願，透過日曆還是會看到真實的任務量與行事曆。

況且，原本為任務所做的安排有可能會被嚴重打亂。或許是因為作業時間不足或是有突發狀況，原因可能五花八門，但遺憾都代表自己原先的評估有欠精準。即便失敗，建議還是要將這些結果如實反映在日曆上。

作業時間延長了多久、出現臨時狀況……「發生了什麼事」都要一五一十記錄。如果會影響到後面的任務，建議將登在日曆上的行程也一起調整。

這些動作最終會將處理一項任務大概花了多少時間記錄下來，有助於日後仔細回顧自己如何運用時間。在一天的尾聲或週末重新檢視日曆，可能會驚覺原來花了那麼多時間處理某件事情，也或許可以幫忙揪出浪費時間的凶手躲在哪。不斷進行以上回顧，亦能逐漸提升早上進行評估時的精準度。

試著用日曆具體呈現出你今天有多少作業時間吧。

## 先把「今天」守下來

有些人可能會擔心，為了掌控時間而將日曆分享給公司同事會影響其他人對自己的觀感。也許會被誤會是在炫耀行程很滿、故意裝忙。

但請放心，登到日曆上的只有「早上決定的一日行程」，絕不會在星期一早上就把5天份的事情全部塞進日曆。恐怕也只有性格古怪的人，或是公司的重要高層才會一整個星期都塞得滴水不漏吧。總之，只要先把今天預計要做的事登到日曆上就好。

話說回來，當天臨時召開的會議可說是最惱人的事情了。

而且主辦方也很有可能來不及做好準備，或者急急忙忙開完會後發現其實只要把資料傳給所有人就好，根本沒必要特地開會。

當然，有時候是真的有非常重要的「緊急狀況」。但如果真是如此，主辦方一定會傳訊息或直接口頭詢問：「我知道你或有安排，但可以先排開嗎？」如果會議其實沒那麼重要，也或許可以請主辦方體貼顧慮改開在隔日後。

這是非常好的事。

主辦方若幫忙將會議排在隔天，就可以確保早上有自己的作業時間處理完畢，讓開會時不用在意信件或其他案子，能把電腦闔起來完全專注在會議上。如此一來能使時間充分分配運用，而不至於浪費與分心。

不珍惜自己時間的人，也不可能珍惜別人的時間。

因此首先要做的，是鼓起勇氣珍惜你的「今天」。如果能珍惜今天，明天也一定會變好。明天變好的話，相信這1週、這個月甚至是明年，也將會不斷變好。

## 實用的管理工具

最後要來介紹我目前使用的工具軟體。我之所以能做到前面提到的4項管理重點，正是有近年熱門筆記軟體「Notion」與「Google日曆」的搭配與輔助。

Notion是一款來自美國的軟體，在日本也迅速累積了大量使用者，是目前非常熱門的工具。除了基本的文書功能外，Notion還集結了試算表、日曆、甘特圖、任務管理等各種功能於一身，並像組樂高積木一樣打造個人化的風格。由於能進行各種自訂，1週的任務可以透過勾選框一覽

無遺，也很適合將任務區分為母任務、子任務加以管理。

另外，相信各位都對Google日曆已經再熟悉不過。Google日曆不僅能同時彙整工作和私人生活的行程，也可以直接分享給同事或客戶，非常適合共同作業。只要點一下就可以變更作業時間，又能在多種裝置上使用，搭車時用手機或平板做確認也非常方便。

能夠一次看遍整週的行程，且用母任務、子任務的方式進行管理的應用程式其實出乎意料地少，因此我很推薦上述這兩項工具。這邊將我實際使用的Notion範本分享出來，不妨參考看看。

但話說回來，工具終究只是工具。工具有流行、過時之分，好不好用也是因人而異。由於每天都會用到，因此我認為喜歡這項工具、用起來沒有壓力是最重要的。希望各位都能找到自己用得舒服的工具或使用方式。

## 檢視任務的種類有無失衡

每天是不是都只有「工作」相關的任務？

有沒有將「私人生活」的任務往後延、晾在一旁？

是否想要專注於工作，卻因積了太多雜務使得心情一直不暢快？

道理其實很簡單，冷靜下來仔細想想就會明白。我們每天著手處理的，往往都只有「眼前的事」。依照種類管理任務、將所有任務攤開來統一管理，能夠輕鬆地將處理任務的「傾向」視覺化。

習慣了任務管理之後，不妨利用星期五或週末之類的時間，檢視一下自己最近處理的任務種類有沒有失衡。讓任務清單總是出現在一眼就能看到的地方，如此一來就算再怎麼不情願，「進度緩慢的任務」或「一直放著沒做的任務」都會映入眼簾。

有什麼想做的事？是什麼事情阻撓了付諸行動？因此而感到悶悶不樂的話，就動筆寫自我備忘錄，回顧一下自己的生活吧。

另外，也可以透過視覺化反向操作刻意讓1週的任務偏重在某一方面。像是「這星期是成敗關鍵，全部用來工作吧！」而將心力放在職涯發展上，隔週改變方針為「上週已經努力過了，這週就留點力氣好好休息。」犒賞自己一下。

只是憑著感覺過日子的話，會變得對「卯足全力工作」或「卯足全力休息」都提不起勁。視覺化可以幫助計畫有目的、而且不帶罪惡感地做到「這週就用這樣的方式過」。

能決定下一週要怎麼過的人，正是「自己」。

# 好好對待自己的勇氣

好好對待自己其實需要莫大的勇氣。

本書自始至終都在傳達要用綜觀全局的角度看自己、不要跟著別人的步調走、如何實現自己想做的事，藉此幫助有效運用有限的時間。

我努力選出了執行起來沒有負擔、容易在日常生活中實踐的技巧，但可能還是會讓人有「進一步、退兩步」，焦躁難耐的感覺。如果可以一下子就全都到位，那也不會有人苦苦掙扎了。

我自己雖然已經比過去好很多了，但只要一不留神，「不安的自己」還是會探出頭來。一旦感到不安就會尋求忙碌，因此有時也會被這種反作用力教訓。遇到這種狀況時，雖然會因為覺得「我又搞砸了」而沮喪，但刻意放慢腳步休息、恢復精神後，又能夠果決地動起來。由於我很了解這種焦躁難耐以及面對自己的不安、笨拙時的恐懼，因此在最後想告訴你一件事。

「一點一滴慢慢來也無妨，請以自己為傲。」

請不要讓別人把你寶貴的時間搶走。不要把自己真正想做的事往後延，試著放手奮力一搏。無論是工作或私人生活，不要去管好或壞，嘗試每天在生活中實踐看看。畢竟每一件事都是你人生的一部分，而且只有你才能實現。失敗了也無所謂，心情不好隨時都可以在自我備忘錄上發洩。如果覺得快被資訊淹沒了，就把Ａｐｐ刪掉吧，試多少次都沒關係。感到苦惱就思考改善方法，試著拆解任務。覺得累了就休息，有幹勁的話就努力動起來。多傾聽自己心裡的聲音，用自己的步調一步一步走。

就這樣一直走下去，直到自己重生的「那一天」到來。

# 總結

- 工作和私人生活要一視同仁，並學習如何管理日常生活中的各種任務。若只安排工作的話，私人生活會永遠被晾在一旁。
- 記得4個重點：所有任務一視同仁、用「母任務」與「子任務」的方式管理、所有任務以1週為單位進行管理、控管每天的作業時間。
- 定期檢視自己是否都在緩解燃眉之急或特定的任務，以此推動人生前進。工作及私人生活沒有好壞之別，要認真看待心裡的聲音。

# 後記

我的父親從未迎來退休。

父親只能躺在醫院的病床上，連自己的臉都抓不到的模樣，至今仍深深烙印在我的腦海中。父親的死及照顧他的那段日子是促使我徹底檢視自己人生的一大關鍵。

父親快要退休時得了ＡＬＳ（肌萎縮性側索硬化症，俗稱漸凍人症），這是一種會使身體的肌肉無法活動的罕見疾病。當時我還只是個剛找到工作的社會新鮮人，別說退休了，連自己1年以後會怎樣都還毫無頭緒。我像是為了消除

是會帶著相機拍風景或家人，回家後一臉開心地欣賞自己拍的照片。我對拍照沒什麼興趣，也並不想要那台相機，但父親像是看不下去我不知所措的表情般，又再開口說道：

「我已經用不到了。」

我覺得有股討厭的冰涼感滑過背後。那句話帶著難以擺脫的黑暗與沉重。我隔了一會兒，回道：「我會好好珍惜的。」便快步離開房間，在家中一角泣不成聲。

恐怕我心中有某個角落始終無法接受父親的病已經不會好了的事實。我原一直相信，一定會發生像漫畫一樣的奇蹟，或是開發出可以治療這種疾病的藥物，父親又能和我們一起去旅行。或許是因為我覺得不這麼想的話，自己會被眼前的不安及恐懼吞噬。但父親的一句話將我拉回了逃離不了的現實。

父親的老年生活不會到來了。

父親的人生是他自己的，我沒有資格加以評論。雖然可以擅自想像他或許感到不甘心、或許留有遺憾，但都已經無從確認了。不過看了父親臨終前的模樣，讓我深深了解到一件事。

「有一天」這種事是毫無保證的。

現在想做的事或許會變成「再也無法去做」。這個再簡單不過的道理，我是在經歷了喪親之痛以後才了解的。

不知道為什麼，我們其實很不擅長把眼前的快樂擺在第一。大人們過去口徑一致地告訴我，拚命工作才是美德，才是正確的處世之道。我也對此毫不懷疑，總是拿工作當藉口，把各種事情往後延；等到有時間了、等到時機適合了、等到錢存夠了……用這些說詞敷衍自己，但回家後卻花好幾個小時耍廢看影片、看漫畫，在惰性驅使下只要看到朋友發文就一律都按「讚」。

為什麼我會認定每個星期都能迎來一樣的週末？

到底有誰能保證，工作到60歲退休之後，就會豁然開朗，擁有大把自由時間？或許我明天就會缺隻手、斷條腿，也或許我根本等不到衣食無虞的老年生活。

父親的葬禮結束後，隻身回到東京的我抬頭望著天空，心裡好像破了一個洞。父親已經不在人世的事實感覺無比遙遠，而彷彿理所當然重新回到手上的「自己的自由時間」則令我不舒服到極點。

我現在還有什麼未竟之事嗎？

捫心自問，無論工作或私人生活，「想做的事」、「還沒辦法做的事」都堆積如山。一想到這些事隨時有可能，或甚至明天就有可能因為天災人禍而全都不復存，我下定了決心。

無論工作還是私人生活，所有事情我都要把握當下。

## 平日就從事週末的娛樂，退休後的夢想今年就實行

原來貪心是這麼快樂的事。

我一面喝著香醇的咖啡，一面看著這星期的任務，心裡深深地這麼覺得。有時候全心全意投入工作，有時候獨自一人去爬山。把手機放到一旁，一面和家人閒聊，一面津津有味地吃著飯。走路時不滑手機，專心看路上的風景，會發現許多過去不曾察覺的細節，輾轉成為工作上的靈感。

不用做出犧牲，也能讓「工作」、「想做的事」及「生活」都確實往前進。我發現，認真面對自己的時間之後，「為了往後的職涯發展」這句有如免死金牌般的咒語已經在不知不覺間完全被趕出我的內心。

或許因為我是個不機靈、貪心，又很死纏爛打的人，所以才會摸索出這套

時間管理之道。雖然不會立即發揮功效，但只要憑著一股傻勁維持不起眼的小習慣，最終會發現，竟然可以看到如此不同的人生風景。

就從現在開始好好面對自己、提升自我肯定感，遠離那些並不需要、氾濫成災的資訊吧。然後專注於真正想做的工作、挑戰想要從事的副業，或是一頭栽進新的興趣之中。並且請與家人、伴侶、好友共度開心的時光、吃美食，每天保留充足的睡眠時間給自己。

即使如此貪心，只要確實做好因應之道與該注意的細節，相信能夠實現人生的任務，而不需要用到「加班」、「不眠不休趕工」之類激進的做法。希望這樣能開啟契機幫助各位拿回自己失去的時間，並且從現在就展開「新的人生」，不用再等到週末或退休後。

## 謝詞

希望在死前能出一本自己的書。

其實這也是我人生中「想做的事」之一。我在每年的新年都會列出人生中想做的事，並從中選出今年要專注執行的項目。「出書」便是我這幾年在內心悄悄燃起鬥志去做的一件事。

老實說，我原本以為這件事要很久以後才會實現。不過這次動筆寫書給了我一個機會，細細品味在網路上默默寫文章這種「屬於自己的時間」，不知不覺間促成了自己原本想做的事、曾有過的夢想所帶來的喜悅。這種事沒有捷徑，而且身處這個充滿時間陷阱的時代，我認為一步一步推動自己人生的任務還是很有意義的。

但願這本書能提供契機，讓各位空出時間認真面對自己，並珍惜內心渴求的事物，進而發現將這些事物帶進日常生活中是多麼有趣、這樣的人生是何等多采多姿。

我想再次感謝提供這個機會給我的出版社的每位同仁；也要感謝ｎｏｔｅ提供了一個無可取代的空間讓我能暢所欲言，以及在那上面給予回應的朋友。另外還有幫我牽線的ｎｏｔｅ股份有限公司的志村先生、擔任聯繫窗口的小澤先生；讓自由奔放卻又神經質的我能夠自在成長的父親與母親、給予我重要提點的祖父母、為我提供靈感的姐姐和妹妹；以及無論何時都正面鼓勵我迎向挑戰的丈夫。

還有最重要的，就是閱讀本書的你。我在此衷心地感謝各位。

２０２１年１月

Ｓｗａｎ

## 文献

『向型を強みにする』
ーティ・O・レイニー／著　務台夏子／訳　パンローリング

『時間術大全 人生が本当に変わる「87の時間ワザ」』
ジェイク・ナップ、ジョン・ゼラツキー／著　櫻井祐子／訳　ダイヤモンド社

『自分に自信をつける最高の方法
——ミス・ユニバース・ジャパンビューティーキャンプ講師の
世界一受けたい特別講義』
常冨泰弘／著　三笠書房

『事実はなぜ人の意見を変えられないのか』
ターリ・シャーロット／著　上原直子／訳　白揚社

『人生の主導権を取り戻す「早起き」の技術』
古川武士／著　大和書房

『この1冊ですべてわかる コーチングの基本』
コーチ・エィ ／著　鈴木義幸／監修　日本実業出版社

『デール・カーネギーの悩まずに進め
——新たな人生を始める方法〈CD〉』
デール・カーネギー／著　関岡孝平／訳　パンローリング

『自己と組織の創造学——ヒューマン・エレメント・アプローチ』
ウィル シュッツ／著　到津守男 ／訳　春秋社

『ザ・コーチ ——最高の自分に気づく本』
谷口貴彦／著　小学館文庫

『平成26年版 子ども・若者白書』
内閣府

『特集 今を生きる若者の意識～国際比較から見えてくるもの～』
内閣府

# Swan

1991年出生於群馬縣。
商務設計師、新創企業設計顧問。
自多摩美術大學畢業後，曾於CyberAgent、Mercari等大型IT企業擔任設計師，參與服務開發，個人至今已協助數十家以上新創公司改善事業，或以顧問身份從事組織開發等多元工作。2020年春天時自行創業，目前正籌畫新事業中。
主要透過Twitter、note分享結合了自身經驗與科學根據的文字。
平日工作、玩樂、休息，假日則會去爬山。

## 又是庸庸碌碌的一天？
# 重整生活的時間管理術

出　　版／楓書坊文化出版社
地　　址／新北市板橋區信義路163巷3號10樓
郵政劃撥／19907596　楓書坊文化出版社
網　　址／www.maplebook.com.tw
電　　話／02-2957-6096
傳　　真／02-2957-6435
作　　者／Swan
翻　　譯／甘為治
責任編輯／林雨欣
內文排版／洪浩剛
港澳經銷／泛華發行代理有限公司
定　　價／350元
初版日期／2023年12月

國家圖書館出版品預行編目資料

又是庸庸碌碌的一天?重整生活的時間管理術 / Swan著；甘為治譯. -- 初版. -- 新北市：楓書坊文化出版社, 2023.12　面；　公分

ISBN 978-986-377-921-6（平裝）

1. 時間管理　2. 工作效率　3. 生活指導

494.01　　112017954